情绪免疫

别让坏情绪左右你

红花 编著

中国纺织出版社有限公司

内 容 提 要

我们每天都会经历各种各样的事情，自然也会产生诸多不同的感受，或高兴，或欣喜，或悲伤，或愤怒，或偶尔觉得生活美满，或偶尔觉得人生无望等。如此看来，情绪有好坏之分，我们只有学会情绪免疫，将坏情绪挡在门外，才能找到自信的源泉，到达成功的彼岸。

本书从心理学的角度出发，带领我们认识坏情绪的负面影响，并全方位提供控制情绪的方法，希望能对那些想要学会告别坏情绪，培养好情绪的人有所帮助。

图书在版编目（CIP）数据

情绪免疫：别让坏情绪左右你 / 红花编著.--北京：中国纺织出版社有限公司，2024.6
ISBN 978-7-5229-1451-0

Ⅰ.①情… Ⅱ.①红… Ⅲ.①情绪—自我控制—通俗读物 Ⅳ.①B842.6-49

中国国家版本馆CIP数据核字（2024）第043694号

责任编辑：张祎程　　责任校对：江思飞　　责任印制：储志伟

中国纺织出版社有限公司出版发行
地址：北京市朝阳区百子湾东里A407号楼　邮政编码：100124
销售电话：010—67004422　传真：010—87155801
http://www.c-textilep.com
中国纺织出版社天猫旗舰店
官方微博 http://weibo.com/2119887771
天津千鹤文化传播有限公司印刷　各地新华书店经销
2024年6月第1版第1次印刷
开本：880×1230　1/32　印张：7.5
字数：132千字　定价：49.80元

凡购本书，如有缺页、倒页、脱页，由本社图书营销中心调换

前言

生活中，人们常常说"爱自己"，但究竟什么是"爱自己"，这是很多人迷茫的一个问题。"爱自己"的角度有很多，但其中最重要的，大概就是能够和自己的情绪好好相处了，而和情绪好好相处的前提，则是学会"情绪免疫"，控制自己的坏情绪。

的确，人都是情绪化的动物，我们每天都会经历各种各样的事情，自然也会产生喜怒哀乐，这些都是情绪。情绪，是一把双刃剑：当情绪被我们牢牢掌握时，它就成为我们顺服的奴隶，我们便可以随时让坏情绪远离我们，无论顺境还是逆境，我们始终能保持冷静的头脑从容面对，泰然处之，这体现了个人良好的修养和优秀的品质；但当情绪占据了我们的人生，我们就会失去控制，沦为了情绪的奴隶，此时，坏的情绪可能使我们变得盲目、冲动、急躁、易怒，生活的常规被改变，人生的帆船在飘摇，于是失落、伤感、沮丧、绝望接踵而至，甚至歇斯底里，最终被情绪逼近了死胡同。其实，谁都有坏情绪，面对坏情绪，我们要学会情绪免疫，而不是被坏情绪左右。

善于控制自己情绪的人，总是能看到事物的积极面，即使身处绝望之中，他们仍然能看到希望的种子，他们永远拥有乐观向上、不断奋斗的不竭动力。而相反，那些失败者，他们总是一味地抱怨，总是认为上天不公平，落后时不想奋起直追、消沉时只会借酒消愁、得意时又会忘乎所以。他们之所以失败，只因为他们没有学会控制自己的情绪。

诚然，人生路上，我们不会总是春风得意，也会遇到种种磨难、种种失意，既然我们不能改变过去，那我们就去把握未来，我们不能决定一件事情的发展方向，但我们可以左右自己的情绪。只有善于控制情绪，才能扼住命运的喉咙，扭转事物发展的方向。

可以说，具备良好的情绪管理能力是一种优秀的品质，也许你会羡慕他们，但这种能力不是天生就有的，而是可以通过后天有意识地培养、修炼获得的。现在的你，是否急需一本学会如何情绪免疫的书？本书正是一本帮助读者改变坏情绪、赶走负能量、提升幸福感的心理自助读本。它带领读者朋友们了解情绪的真实面目，帮助读者摆脱负面情绪的干扰，摆脱对人生的担忧，让好运伴随好心情常驻你的心间。

宋红花
2023 年 10 月

目录

第01章　家人间不斗气，用点心思家和万事兴　/ 001

　　　　女婿千万别让丈母娘生气　/ 002
　　　　丈夫要在母亲与妻子间做好"双面胶"　/ 005
　　　　少点争吵，多点平和的交流与沟通　/ 009
　　　　用点心思，婆媳之间不可置气　/ 012
　　　　别和父母斗气，换位思考用心理解　/ 016
　　　　调适氛围，家也需要幽默与严肃　/ 018

第02章　失败后及时调整情绪，找准前进的方向　/ 023

　　　　重振旗鼓，调整心态迎头赶上　/ 024
　　　　别和自己斗气，胜不骄败不馁　/ 027
　　　　乐观让你在磨难中迅速成长　/ 030
　　　　培养忍耐力，成大事者不畏失败　/ 033
　　　　放松下来，理性分析反败为胜　/ 037
　　　　让脾气成为迎战困难的动力　/ 040

第03章　化解火气，才能看得见生活的美好　/ 045

　　　　运动，在汗水中赶走不快　/ 046

用微笑回击有意气你的人 /049

适时自嘲，其实一切没什么大不了 /051

开怀大笑，让那些火气烟消云散 /055

追求简单生活自然会开开心心 /058

学会积极的自我暗示，告诉自己没必要生气 /060

第04章　克制怒气，发火前先给自己的情绪降降温 /065

别让怒气毁坏原本珍贵的情谊 /066

别用他人的错误惩罚自己 /069

心存感恩，就会少一分怨气 /073

宽容他人，也是放过自己 /075

面对他人的错误，动气未必能解决问题 /079

以德报怨，化解心中怒气 /082

第05章　不和上司斗气，了解领导理念，缔造锦绣前程 /085

领导越是急躁，你越要稳住 /086

理解领导"摆架子"，不要看不惯 /089

及时汇报工作，让领导更信任你 /092

无论何时，都要维护领导的面子 /095

调节心态，上司训斥你说明重视你 /099

巧妙应对爱挑刺儿的女领导 /102

第06章　社交场合不斗气，看准人心找到应对策略　/ 107

不要过度干涉朋友的事情　/ 108

拒绝朋友但不要伤及对方的面子　/ 111

谨慎择友，社交场上留点心　/ 115

真诚宽宏，不斗气的人才有真朋友　/ 117

火眼金睛，学会提防小人　/ 120

巧妙退让，社交场上学会以退为进　/ 124

日久见人心，社交人心需要考验　/ 127

朋友间保持距离，才能避免伤害　/ 130

第07章　掌控情绪，动气是不爱自己的表现　/ 135

情商高的人不会落入斗气的陷阱　/ 136

不给气恼的毒瘤以生长的空间　/ 139

理性看待，告诉自己他人生气我不气　/ 142

找到生气的原因，让自己学会静心　/ 145

自我剖析，认识真正的自己　/ 148

不斗气，用精神胜利法安慰自己　/ 151

不做傻瓜，斗气是在惩罚自己　/ 154

第08章　别跟自己过不去，与自己斗气的人是傻瓜　/ 159

欣赏自己，自信的人不和自己斗气　/ 160

少一点比较，做独一无二的自己 / 163

不要后悔自责，谁也不能预知未来 / 166

善待自己，别总是和自己较劲 / 169

人非圣贤，允许自己犯错 / 172

摆脱悲观心态，把控健康情绪 / 176

爱惜自己，你不可能让所有人都满意 / 178

第09章 教育不可斗气，读懂孩子心理助其健康成长 / 181

用耐心和智慧帮助孩子健康成长 / 182

善于夸奖孩子，赏识教育胜过严厉训斥 / 185

父母要与时俱进，和孩子建立友谊 / 189

给予孩子话语权，让他们诉说心声 / 192

掌握沟通技巧，让孩子对你说实话 / 196

不和孩子斗气，巧妙沟通和引导更有效 / 199

批评要适度，不能伤害孩子自尊 / 202

第10章 卸下压力，压力是所有坏情绪的根源 / 207

不苛责他人也是在宽容自己 / 208

学会放下，轻装前行才走得远 / 211

工作赚钱旨在享受生活，不要本末倒置 / 214

在电影和音乐中回归平静 / 217

不要过于操心，让自己轻松一点 / 220

背着压力走路，很快就会疲惫 / 223

参考文献 / 227

第01章
家人间不斗气，用点心思家和万事兴

在生活中，任何一个人都希望自己有个幸福的家，家里有我们的爱人、孩子、父母，每当身心俱疲的时候，只要我们回家，就会有温暖。而人们常常说，家家有本难念的经，加上生活琐事太多，家中似乎总有一些不和谐的因素，此时，我们千万不可斗气，而应该冷静下来，多站在对方的角度上考虑，多沟通、多交流。总之，幸福温馨的家庭，需要每一个家庭成员的共同努力！

女婿千万别让丈母娘生气

在中国有"一个女婿半个儿"的说法,一位母亲,当她把自己的女儿交托给另外一个男人的时候,她是又喜又忧的,喜的是女儿终于找到了终身的依靠,忧的是这个男人能否真的让女儿幸福。因此,女婿和丈母娘之间的关系是微妙的,这种姻亲关系有亲密的一面,还有相互提防、怀疑的另一面。因为丈母娘自恃是女儿的母亲,为了保护女儿,总以怀疑的眼光审视女婿,这是造成彼此不能和谐相处的常见原因。就像夫妻俩的相处需要信任和磨合一样,其实丈母娘与女婿之间也需要。而作为晚辈的女婿,如何让丈母娘信任,是家庭、婚姻生活的一个重要部分。一旦丈母娘生女婿的气,那么,婚姻生活中的定时炸弹便埋下了。

❱❱ 以他人为鉴

小娟是独生女,前年秋天和先生小李买了一套一百多平方米的新房,环境十分舒适,于是便邀请母亲搬过去一起住。

先生小李是教师,回家后不喜欢说话,只要没到吃饭时间就一直赖在电脑前打游戏或独自看电视,而小娟总是一下班就跑进超市买菜，回家直奔厨房忙着洗切煮烧。

强烈的对比让小娟的妈妈非常生气，觉得能干的女儿正在重蹈自己的覆辙，什么事儿都一个人大包大揽，于是她告诫小娟不要把丈夫惯坏了。

而小娟却告诉妈妈，其实先生是因为工作太累才这样，为了两个人生活得更好，他接了许多补课的工作，因此，小娟体贴地不让他分担家务。但即便小娟这样回答，妈妈还是不高兴，平时对小李爱搭不理的，在女儿家住了不到半个月，就自己搬回老家了，并且，还明确对女儿说，下次回老家别把女婿带回来。

的确，在小娟的母亲看来，女儿受过良好的教育，有一份不错的工作，没有必要包揽所有家务。同时，她还认为女婿可能想让自己的女儿成为"超女"——让她既工作，又做家务，既要有现代的思想，又要遵守传统对女子的要求，这些实在过分，在这样的情况下，母亲认为自己应该为女儿撑腰。但无奈的是，她的女儿并没有赞同她的观点，相反，还为自己的丈夫辩解，她自然心生不悦。可以说，自此之后，丈母娘和小李之间的关系便有了隔阂。如果小李是个聪明的人，就应该先和妻子小娟进行沟通，了解丈母娘生自己气的原因，然后改变一下生活习惯，即便不包揽家务，也可以在丈母娘面前表现得勤快一点，那么，和丈母娘的关系自然也会变得融洽很多。

明自我得失

自古以来，人们都认为婆媳关系最难处理，实际上，女婿与丈母娘之间也是如此。但如果你想拥有和谐安定的婚姻生活，就必须保证千万别惹丈母娘生气。当然，生活中磕磕碰碰的事儿太多，这就要求女婿们做到兵来将挡水来土掩，见招拆招，具体说来，你可以：

● 以妻子作挡箭牌

女婿应对丈母娘的无理挑衅，最忌讳的做法就是硬碰硬。虽说女婿也是半个儿子，但你必须知道，这个"儿"只是名义上的，你跟自己亲妈怎么吵架都无所谓，亲妈永远不会不认你这个儿子。但丈母娘则完全不同，女婿一旦同丈母娘吵架，就等于是撕破了脸，以后会很难在一起相处。所以，作为女婿一定要善于利用自己老婆同丈母娘的特殊关系，把老婆当作挡箭牌，同丈母娘进行曲线斗争！

比如，如果你的丈母娘因为嫌你睡懒觉而摔盆摔碗，并在走廊里数落你，你可以心平气和地搬来救兵——妻子，对她说："你看你妈，把咱家的碗都要摔破了，我们还要花钱去买，你快去劝劝她！"接下来，就是你妻子和丈母娘之间的问题了。当她们发生战争的时候，你可以对丈母娘说："妈，都是我们不好，惹您生气了，您年纪大了，不能动这么大肝火啊！来来来，您坐下，我给您倒杯水。"然后对妻子说："你给我回屋去！"这样，就很好地化解了一场危机。

● 有所为有所不为

作为女婿，要想在丈母娘手下活得滋润舒服又不背负"忤逆"或"不孝"的骂名，就一定要学会有所为有所不为。具体来讲，对于诸如做饭洗碗洗衣服打扫卫生之类的家务琐事，如果你没有特殊爱好，可以"不为"，这不是什么原则性的大事儿。但是当遇到关乎丈母娘切身利益的大事，就一定要挺身而出，这是"收买"丈母娘最好的方法，高明的女婿不可不学。

● 尊敬丈母娘

丈母娘与女婿之间的矛盾不管多深，也还是属于家庭内部矛盾，上升不到敌我矛盾的高度。因为毕竟她的女儿还是自己的老婆，有这层姻亲关系在，我们在绝大多数场合下还是要把丈母娘当成尊敬的长辈，而非水火不容的仇敌。所以，聪明的女婿总是时时刻刻对丈母娘保持着客气与礼貌，始终面带职业化的微笑，而这笑容背后的真实想法就不用深究了。

丈夫要在母亲与妻子间做好"双面胶"

婆媳关系一直是人们普遍关注的问题，但似乎从没有寻找到有效的解决方法。俗话说："同性相斥"，婆婆和儿媳都是女人，又有某些相似之处，在她们的内心深处，婆婆想得到儿子的爱，媳妇想独占丈夫的爱，于是两个人争着想要得到爱，谁也不想丧失被爱的幸福，遇到问题的时候，婆媳也就不得不吵架了。有婆媳存在的家庭，战争也似乎从来没有消停过，而夹在中间的男人，似乎也只会冷眼旁观，别无他法。

其实，要想遏制婆媳间的矛盾与战争，倒不是没有对策，但需要中间关键人物的灵活应对，当好"双面胶"，让两个女人都能感受到你的爱，那么很多问题也就迎刃而解了。

❯❯ 以他人为鉴

张先生是个孝顺的儿子，经常把父母接到身边小住。这不，前几天，他和妻子小芳商量，让父母来玩几个月。小芳倒也爽快地答应了。可是婆婆来后没几天，就提出要掌管家里财政大权，理由是她去女儿家，女儿、女婿都把财权交给她管。但小芳不同意。为此，小芳和婆婆两个人别扭了好一阵子。

也正因为此，小芳明显感觉到婆婆对自己的不满，她知道婆婆对自己的成见已深，可她心里也很失望。婚前，总憧憬着婆婆会把自己当女儿一样疼爱，也下定了决心把婆婆当母亲一样去孝顺，可现实却是那么令人失望。

而生性敦厚的张先生在老婆和母亲面前也只能是一副嘻嘻哈哈的样子，小芳知道，婆婆一定在他面前说了自己不少坏话，当然她也没有在张先生面前少说婆婆。之所以表面上大家都还过得去，是因为她和婆婆每次结的怨，到了张先生这里，就全部被他堵住了。每次小芳一开口，张先生就接着说，"妈是有不对的地方，可那次你生病，我没时间照顾你，她却一夜没睡陪着你，还有……"等他将一些事情说完，小芳的气也就消了一大半。

有一次，婆婆和公公一起出去逛街回来。婆婆当着小芳的面告诉张先生，她看上一款珍珠项链，要一千多元。并且强调说，"这些年，老人都流行戴这个。"张先生听了，点点头，小芳则一言不发，低头吃饭。婆婆看小芳和张先生没反应，有些生气地说："小芳能给她妈买，换了婆婆就不一样了吗？"听了婆婆的话，小芳这才想起来，去年回老家的时候，她是戴了条珍珠项链，可那是假的，几十元买的，妈妈戴着喜欢，就让她拿了去。

小芳很委屈也很郁闷，连解释的话都没有说，就出了门。转了一圈，想到张先生和公婆，泪水就止不住地流下来。

可小芳还是回了家，客厅里没人，悄悄走近卧室，却听见里面传来说话声。婆婆果然是满腹怨气，正在历数结婚以来她的种种不是，最后一句话是："她对她妈妈孝敬，可她从没把我当她妈妈一样对待！"小芳听见张先生不紧不慢地回答说："她是没把你当成她妈妈一样对待，可你不也没把她当成自己女儿一样看待吗？"婆婆沉默了。张先生接着列举了一些事例。最后小芳听见婆婆有些内疚地说："是啊，你这样一说，我是有不对，以后我也要注意。"

小芳悄悄回到客厅，当时她的感觉是："有了老公这句话，我这一辈子也值了！"

这样的家庭，是中国千千万万个传统家庭的一个缩影，婆媳关系的丝线，剪不断，理还乱。像这样的家庭，如果丈夫能做好矛盾的调和者，做好"双面胶"，就像故事中的张先生一样，那么，婆媳之间必定是能融洽相处的。

» 明自我得失

关于如何做好婆媳间的"双面胶"，作为丈夫，你需要记住以下几条建议：

- **区别"孝敬"与"孝顺"**

什么意思呢？就是要尊敬老人，尽自己的孝心，但不能什么事情毫无原则一味地顺从。

- **在老人面前体现对妻子的尊重**

尤其不要在老人面前抱怨妻子或者拿妻子不当回事儿，只有你尊重妻子，你的家人才有可能尊重她。

- **其他家人也不容忽视**

除了父母以外，还有兄弟姐妹、七大姑、八大姨……不能小视这股力量，他们有时会对婆媳关系的好坏起到不可估量的作用。

- **对婆媳关系不要存有不现实的幻想**

永远不要幻想你的妻子和母亲能像真正的母女那样相亲相爱。试想你是母亲亲生的儿子，不也有闹矛盾的时候吗？婆婆和媳妇在一起生活怎么可能没有一点矛盾呢？

- **适当的时候拿出领导者的架势**

母亲说孩子今天晚上应该去唱歌，老婆说孩子应该去跳舞，你们不是争吗？得，听我的，在家画画！

- **适当的善意的欺骗是必要的**

但一定要掌握技巧，要做得滴水不漏，否则会适得其反。

- **适可而止、量力而行**

如果这两个人实在是很难相处，你又何苦费尽力气把她俩往一块凑呢？俗话说"距离产生美"，不住在一起了，也就都能心平气和地回归到自己的位置了。

少点争吵，多点平和的交流与沟通

任何人都知道，生活中，家庭成员之间免不了磕磕碰碰，可能有不少人在与家人争吵时扮演了伤害者的角色，但指责的话刚脱口而出，你可能就后悔了。和对方说话总是生硬的，你的本意也许是好的，可说出来却全变了味，错误信息的传递眼看就要引发家庭大战，这时一场争执往往在所难免。而其实，在问题出现的时候，只要你能静下心来，心平气和地与对方沟通与交流，是能避免很多家庭矛盾的。

》以他人为鉴

约翰夫妇俩因为孩子的教育问题闹了点矛盾，互不理睬。在晚上就寝前，丈夫递给妻子一张字条，上面写着："明天早上7点叫醒我。"第二天，丈夫醒来时已是9点半。他急忙穿衣，只见床上放着一张字条，上面写着："7点了，快起床！"

有一位先生下班回家后，发现他的妻子正在收拾行李。"你在干什么？"他问。"我再也待不下去了，"她喊道，"一年到头老是争吵不休，我要离开这个家！"

先生困惑地站在那儿，望着他的妻子提着皮箱走出门去。忽然，他跑进卧室，从架子上抓起一个箱子，"等一等！"他喊道，"我也待不下去了，我和你一起走！"

的确，夫妻难免会因为一些生活琐事产生矛盾，但又不是快刀斩乱麻般地断绝情义，在这种"剪不断，理还乱"的感情状况下，无论哪一方来点幽默，都能化解矛盾，破涕为笑。

实际上，每个家庭每天都在上演各种战争，婆媳间、夫妻间、子女间。但无论何种矛盾，都不能凭一时情绪，与对方大吵一架，而应该调节你的情绪，主动敞开心扉与对方沟通，这才是创造和谐关系的关键所在。

》明白我得失

那么，我们是不是也该掌握一些调节家庭矛盾的方法呢？为此，我们在与家人产生矛盾而进行沟通时，需要掌握以下原则：

- 带着情绪时不要沟通

情绪会直接影响你的沟通态度，进而影响沟通的效果。据说拿破仑的军队有一条纪律，就是士兵犯了错误之后，当官的不能马上批评。因为马上批评，双方都会受情绪影响，不如放一放再批评效果更好。沟通亦然，带着情绪沟通，就很容易使沟通偏离原有的目的。

- **双方都要站在对方的角度给予必要的理解和肯定**

因为任何结果都有理由，既然对方会形成和你不一样的意见和选择，一定有自己的理由和考虑，你应该换位思考。如果你表示一下理解，那么在情感上就相当于给了对方一个极大的安慰，使其郁积在心中的不良情绪得到缓解和疏通。

- **要诚恳地道歉**

不要认为自己没有错，其实只要是与家人发生了矛盾，这里面就一定有你的错处。一个巴掌能拍得响吗？退一万步说，即使真的没有错，那么因为你和对方发生了矛盾进而伤害了家人之间的感情，这不是错吗？所以只要你想道歉，就一定能找出道歉的理由。理解和道歉之后，你再把自己的理由和道理讲出来，对方更容易接受。

- **不回避、不扩大、注意限定时间与主题**

回避的实质是对抗、是不自信、是无奈；不对抗不是躲避，但是你可以采取一些技巧，比如说暂时撤离。如果情绪特别急该怎么办？你可以暂时撤离或者用幽默的方法把这个结打开。家庭生活中要学会幽默的技巧，"你说吧，我听你说"，这是最好的。即便有一些争执，"好，那么我们吵20分钟，你先说，我后说"——限定争吵的时间。

- **不翻旧账、不指责**

忌用"你总是……""每次……"这样的话语。用开放式语句:"我觉得……你看呢?"澄清问题,探寻"怎样你才比较满意",然后试行一周或一个月。

● 找到解决的方法

问题澄清之后那就该探索怎样办,希望彼此怎么样,然后可以试行,沟通了就应该有一个结果,两人各自生气甚至冷战好几天总会留下阴影的。吵架的过程要变成沟通过程,要澄清问题、探询结果,不要非要分清谁对谁错,家庭是个系统,个人出了问题往往是系统出了问题,运行模式出了问题,而不是某个人的错。而且风水轮流转,这次你主动谦让,下次我主动谦让,如果总有一方主动谦让,那这个沟通就奏效了。

家庭成员间意见不统一,有了矛盾之后,必须要及时地进行沟通。只有通过沟通,统一了认识,化解了矛盾,才能使"梗阻"的家庭关系通畅起来。一味的争吵是起不到任何作用的,反倒会令亲情淡薄,关系紧张。当然,沟通有道,只有掌握了这其中的道理、技巧,才能使沟通取得良好的效果。

用点心思,婆媳之间不可置气

俗话说:"多年的媳妇熬成婆",婆媳之间的关系,向来是中国家庭关系中一个不可缺少的主题。婆媳之间为什么会有那么多矛盾呢?婆媳在一起真的就那么难以相处吗?实则不尽然，如果你爱你的孩子和家庭，就会希望婚姻稳定，为了自己的家庭能温馨与稳定，就算婆媳之间有再大的矛盾，也不能置气，更不能恶语相向。而其实，只要彼此都用心相处、诚恳相待，婆媳之间是完全可以融洽相处的，我们先来看看下面的媳妇是怎么看待婆媳关系的。

》以他人为鉴

记得婆婆在世时，总是把家里收拾得井井有条，从不计较我做了多少，把我当自己的亲生女儿看待。自从我来到他们家后，平时忙着上班，到了周末，总想着该做点事了，可是，婆婆却不让我做，她常常挂在嘴边的话是："你们工作了一周了，已经很辛苦了，该歇歇了。星期天是国家给你们休息的时间，你们多睡一会儿，好好休息，这样，上班时精力才充沛。"每次，听了她的话，我的心里总有一种说不出的感动。她这样说，也这样去做了。她从没有上过一天学，却能说出这样的话，真是难得。

她和邻里相处得那么好，从她身上，我学到了许多为人处世的道理：学会如何做人、学会如何生活、学会如何生存。婆婆辛苦了大半辈子，还没来得及享福，就离我们而去。婆婆走了，我们便成了家中的顶梁柱，上有奶奶、公公，下有弟弟妹妹，还有刚刚周岁的儿子，肩上的担子很重，心里的压力更重。但我们始终牢记婆婆临终前的叮嘱："要照顾好奶奶、孝顺公公、善待弟妹，照看好这个家。"奶奶在我们的悉心照顾下，晚年很幸福，她逢人便夸，她的孙媳妇真好。

婆婆去世了，现在弟、妹都已成家，这时，我又张罗着给公公找个老伴，想让他晚年过得充实、活得开心些。我说服了全家，正式跟公公提出了此事，公公听了，高兴得不知说什么好。这几年公公过得很开心，邻居只要一见到我们就会夸我们说："你们真是开明人，真是孝顺的孩子。"

从这个儿媳妇的描述中，我们看到了一个明事理、会处事的婆婆，她心疼儿媳妇，也为儿媳妇做好为人处世的榜样，而同样，我们也看到了婆媳间和睦相处、家庭其乐融融的景象。俗话说"婆媳婆媳，吵得不息"，可是，在这个家庭里，婆媳之间却彼此互敬互谅，互相帮助。

》明自我得失

的确，婆媳之间的微妙关系长期以来都是影响家庭关系的重要因素。谈恋爱是两个人的事，可婚姻却是一个家庭和另一个家庭之间的互相磨合。婆媳关系若是处理不好，将直接导致一段美好感情出现裂痕甚至分道扬镳。其实，在家庭中换位思考很重要，有一颗宽容之心也很重要。同样都是女人，为什么不能静下心来互相体谅互相疼爱呢？不为别的，就算为了这个双方都深爱着的男子，不让他为难，为了全家人能更加幸福快乐地相处。要处理好婆媳关系，需要双方的共同努力，"婆婆"和"媳妇"们都应该好好研究婆媳相处的艺术，为此，婆媳之间可以做到以下几个方面：

● **婆媳之间多就一些共同关注的话题进行沟通**

矛盾大都是因差异产生，而婆媳之间的差异主要是代际价值观、生活方式和观念不同。而要使这些差异不成为婆媳关系矛盾的起因，双方就需要建立良好的沟通模式。

其实，婆媳之间有矛盾的地方也正是她们共同关注的问题，如经济分配原则、家庭事务、家人健康、孙子（女）抚养和教育问题等，双方应就实际问题进行探讨和沟通、商量和建立双方都能接纳的原则和方法。当然，如果婆媳双方能够拥有更多相同的兴趣爱好和生活习惯，则更能建立和谐的婆媳关系，增进双方的感情。

● **把生活的重心多放到婆媳关系以外的世界**

打个很简单的比方，如果儿媳和婆婆两个人都赋闲在家，那么，产生矛盾的机会就多，儿媳还不如积极努力地工作，把时间和注意力多花在工作上。

● **关爱老人，与老人一起分享爱**

比如晚饭后，夫妻二人可以陪老人一起看革命电视剧，唠唠家常。付出爱也就会有良好的婆媳关系。

可见，沟通是联络感情的最好手段。跟自己的婆婆在某个闲暇的午后或晚餐后拉拉家常，听婆婆畅谈过去的岁月，谈谈自己的感想，夸夸优秀的老公，聊聊可爱的孩子，双方的距离就会迅速拉近。婆媳之间的沟通越直接越好，开诚布公地交谈可以澄清很多误会，是日常生活中最常用的沟通方法，也是出现矛盾时最好的解决之道。

别和父母斗气，换位思考用心理解

人们常说，可怜天下父母心，这个世界上最不容怀疑的爱就是父母的爱。"爸爸""妈妈"是世界上最美的称呼。不管父母是平凡或是杰出，文盲或是学识渊博……但有一个客观的真理：无论自己的孩子是平凡，还是优秀；是残疾，还是健壮；是平民，还是英雄……天下的父母亲无一例外，都是如此无私、宽容地爱着自己的孩子。第一声啼哭、第一次哺乳、第一次笑、第一次翻身……这些，你都是在无记忆中完成，然而，在父母的记忆里，却从此多了多少鲜活的内容。当你日渐长大，你的心绪，失衡的、偏激的、好的、坏的……都在无意识中我行我素，而在父母的内心里，却从此多了无尽的担忧，生怕一个不小心，你就在人生的轨道上走偏了，慢慢有了失眠，黑发间也满布银丝，身体也渐渐不如以前。

然而，追求自我的现代人，有多少人能感受到父母的爱呢？相反，很多时候，因为生活中的琐事，与父母斗气，伤透了父母的心。

◎ 以他人为鉴

曾有这样一则报道：小吴是一名初三的学生，正要面临中考的他依然痴迷于游戏，为此，他的父母说了他几句，结果，小吴就想："干脆眼不见为净，到一个没有人认识、父母也管不着的地方去混出个样子给他们看看。"第二天，趁父母外出时，他偷偷打开父母平时放货款的床头柜，从里边拿走了一万元，来到北京。

但一个不到 20 岁的孩子，从未离开过父母，哪里有什么能力。在北京的一个月，他很快花光了从家里拿的钱，还没有找到工作，但他又不愿意回家，于是，他就动了一个歪念头——偷。

这天，北京火车站的民警在执勤时，发现一个小伙子鬼鬼祟祟，就把他带到审讯室。经过几个小时的开导，小吴才开口，把事情的前因后果都跟民警交代了。

接到民警电话后，小吴的父亲老吴从安徽老家赶到了北京，一见到父亲，羞愧难当的小吴跪倒在父亲跟前，痛哭失声。

这样的场面在现实生活中恐怕并不少见，如果故事的主人公小吴不和父母赌气，能多从父母的角度想想，就能认识到父母的举动都是为了自己着想，也就不会离家出走，更不会走上偷盗的道路，不过值得庆幸的是，他能迷途知返，反思悔悟。

》明白我得失

那么，我们每一个为人子女者是否都能体会到父母的良苦用心？是否真正感恩父母给予自己的无私大爱？是否真的有对父母尽过孝心、行过孝道？

"慈母手中线，游子身上衣。临行密密缝，意恐迟迟归。

谁言寸草心,报得三春晖。"你能体会唐朝诗人孟郊写的这首《游子吟》的真正含义吗?的确,父母总是对我们无怨无悔地付出,但你是否发现,母亲的两鬓已经出现了丝丝银发、父亲的背也开始佝偻起来?当你发现这些的时候,你的心中是否会掠过一丝酸楚?想到不久的将来,一直给予我们力量的、教育我们成长的父母或许会用无助的眼神、试探的口吻,凝视和询问我们时,想必那种酸楚中会掺杂着茫然吧。那么,无论出于为人子女的本分,还是从自己的实际生活和承受能力考虑,从现在开始,不妨换位思考,多理解你的父母吧!

调适氛围,家也需要幽默与严肃

提到家庭生活,我们想到的多半是天伦之乐,的确,家庭生活是温馨、幸福的,但我们不能否认,家庭生活是琐碎的,每天除了柴米油盐就是锅碗瓢盆。常言道:"家庭这盆稀泥,谁和得好,谁的家庭就和睦。""谁家小葱拌豆腐,能弄个一清二白",那叫没水平。事实就是如此,家庭就是锅碗瓢盆交响曲,奏得和谐,那是上品,奏得不和谐,天天弄得鸡飞狗跳的,再富有的生活也没滋味。怎样和谐?幽默的交际方式绝对是一道润滑剂。

以他人为鉴

老张是个大家庭的家长，他的岳母、岳父、自己父母亲乃至小舅子都和他住在一起，但家庭关系很好，谁也没红过脸。而老张最骄傲的事，就是有个可爱、古灵精怪的女儿，小姑娘很是招人喜欢，小嘴也很甜，见了人都叔叔阿姨地叫。唯一不足的地方就是这孩子的牙齿不整齐，于是，老张和妻子商量让女儿戴一段时间的牙套。

自从女儿戴上牙套，老张和妻子就格外关心孩子的牙齿矫正程度，没事的时候他们就会让女儿张大嘴扳着她的下巴仔细地看。女儿每次都很配合，高兴地张大嘴巴问她的牙齿比以前漂亮了没有。老张发现，可能是这么小的姑娘戴着金属牙套很显眼，现在不光他和老婆对女儿的牙很好奇，家庭其他成员甚至周围邻居以及女儿的同学也经常央求女儿张开嘴巴让他们看个究竟。

这天放学，孩子舅舅替老张把孩子接回家后，老张放下手里的活儿，又如往常一样让女儿张开嘴想看看她的牙，女儿却紧咬嘴唇不让看，老张不解地看着她，问："咋了？我只是看看你的牙变齐了没有，变漂亮了没有，以前你都乖乖地让爸爸看的，今天这是怎么了？"女儿向站在一边窃笑的舅舅做了个鬼脸，嘿嘿一笑说："不让看，就是不让看，你若真想看得拿钱，我让舅舅看了好几眼，他一下奖给我好几百哩！"

小舅子和老张开的玩笑很巧妙，关心孩子、给孩子钱都是用幽默的方式，不过从这个事例中也反映出了家人对孩子的喜爱，以及老张一家人关系的和谐。

可见，在家庭里，幽默是最好的调合剂。幽默不仅可以帮助每一个家庭成员驱除劳累的工作、繁杂的事务带来的烦躁，还能帮助周围人打开快乐的心扉。家里常有幽默，欢笑油然而生，烦恼溜之大吉，怒目变成笑眼，火气化作清风。让幽默成为生活的佐料吧！你会真切地感受到它的美好和奇妙。

明白我得失

家庭成员若能发现生活中趣味横生的事，或者开个玩笑，就可以使家庭生活摆脱沉闷。有幽默的家庭是富有生机的，因为人人都能感受到父母、子女或者亲人对自己的关心和爱护，这样的家庭就像一个乐园，欢笑和美好充斥着每一个角落。这对小孩子健康成长，老年人安度晚年，中坚力量更好持家都是非常有益的。

再比如某家庭中的一位大男子主义者对妻子讲："你什么都得听我的。"

他的妻子回答："可以，我病时听你的，没病时你听我的。"

此人听到妻子的回答，无言以对。

这里，妻子运用恰当得体的幽默来"回敬"丈夫，使她那位傲慢的丈夫无言以对，幽默的回答使紧张的气氛变得活跃起来。这时，假若这位妻子以"凭什么都得听你的"针锋相对的话，恐怕一番激烈的唇枪舌剑在所难免。

有人说，一个家庭中，如果有富有幽默感的成员，那么，这个家庭肯定是和睦的。这是因为幽默是一种使人愉快的艺术，更是一种引发喜悦与愉快的方式。家庭生活的琐碎，以及工作与生活带来的压力，可能都会使我们平添许多烦恼，此时一句幽默的话语就可以消除疲劳，使人备感生活的乐趣。幽默是美好的东西，更是智慧的产物，因此，它自然而然地成了许多人追求的生活和交际艺术，也有许多人用幽默去追求家庭宽容和谐。

总之，幽默能制造妙趣横生的家庭生活，这样的家庭生活会使人们时刻保持良好的心情，对生活充满向往和希望。这样家庭中的成员无论是工作还是学习上，都是精神饱满、积极向上、劲头十足的。

第02章
失败后及时调整情绪，找准前进的方向

智者说："请享受无法回避的痛苦，比别人更勤奋地努力，才能尝到成功的滋味。"在生活中，有的人一旦失败或者面临挫折，就会偃旗息鼓，自暴自弃。其实，在这个关键时刻，如果你只是沉浸在个人的痛苦中，处处斗气，那还不如迎难而上，吸取经验教训，抓住机会反败为胜。

重振旗鼓，调整心态迎头赶上

生活中，挫折与失败可以锻炼我们的忍耐力，但即便是拥有强大的忍耐力，我们离成功还是有一步之遥。在某些时候，要想赢得成功，还需要适时调整我们的心态。一旦遭遇失败，就应该选择重振旗鼓，迎难而上，而不是垂头丧气，自暴自弃。当我们在遭遇失败与挫折的时候，需要冷静分析造成失败的原因，采取什么样的方式可以避免失败，总结失败的经验，吸取其中的教训，鼓舞自己，重拾信心，再一次给成功一个热情的拥抱。一个人在面临失败时，心态往往是最关键的，如果没有调整好心态，即便这个人很有能力，也是难以成功的。反之，那些本身能力欠缺的人，若是调整好了心态，也同样会赢得成功。

》以他人为鉴

1832年，亚伯拉罕·林肯失业了，这令他感到十分难过，他下定决心要成为政治家，当一名州议员。但糟糕的是，他在竞选中失败了，在短短的一年里，林肯遭受了两次打击，对他而言无疑是痛苦的，心中还有一些无法排解的怨气。接着，林肯开始自己创业，他开办了一家企业，可是还不到一年，这家企业倒闭了，林肯感觉到，似乎老天总是与自己作对，这是考验还是宿命呢？林肯不知道。但是，在之后的时间里，他即使心中有怨，还是到处奔波，偿还债务。不久之后，林肯又一次参加竞选州议员，这次他成功了，在林肯内心深处有了一线希望，他认为自己的生活有了转机，心想："可能我就可以成功了。"

然而，人生的逆境好像永远没有结束的那一天。1835年，亚伯拉罕·林肯与漂亮的未婚妻订婚了，在离结婚的日子还差几个月的时候，未婚妻却不幸去世，林肯心力交瘁，几个月卧床不起。没过多久，他就患上了精神衰弱症，对任何事情都失去了信心，满腔的负面情绪萦绕在心中。1838年，林肯觉得自己身体好些了，他决定竞选州议会议长，但是，在这次竞选中他又失败了，不过，那种永不放弃的精神一直鼓舞着林肯。1843年，林肯参加竞选美国国会议员，这次他所面临的依旧是失败。但是，林肯却一直没有放弃，他并没有想："要是失败会怎样？"而是怀着一种平常心对待，他想："如果自己不在意失败，那么，事情或许将有好的转机。"

1846年，林肯参加竞选国会议员，这次他终于当选了，两年任期过去，林肯面临着又一次落选。1854年，他竞选参议员失败了，两年之后他争取美国副总统提名，但是却被对手打败，两年之后他再一次参加竞选，还是失败了。无数次的失败，让林肯练就了平和的心态，无论成功与失败，他的心都变得十分坦然。或许,正是那份平和的心态,铸就了他最终的成功。1860年,亚伯拉罕·林肯当选为美国总统。

孟子说:"天将降大任于斯人也,必先苦其心志,劳其筋骨,饿其体肤,空乏其身,行拂乱其所为,所以动心忍性,曾益其所不能。"面对每一次失败,林肯都以平和的心态面对,而且敢于迎难而上,在这一过程中,似乎命运也在跟他暗暗较劲,然而最终,林肯在与命运的博弈中取得了胜利。

小时候,妈妈总是这样说:"你能做到,玫琳凯,你一定能做到。"对于每一位年轻人来说,最为重要的是懂得"你不可能每件事都能成功"。在失败的时候,母亲总是鼓励玫琳凯展望未来:"你绝不可能每一次都是最棒的,接受失败,学会如何从失败中吸取教训,你才能继续前进。""面对失败,不要气馁",玫琳凯女士不仅将这句话作为自己的座右铭,而且将这句话作为公司的理念来激励更多的女性。玫琳凯坦言,自己创建公司的想法是在遇到了一些挫折之后才真正开始形成的。

玫琳凯说:"我建立公司时的设想是让所有女性都能够获得她们所期望的成功,这扇门将为那些愿意付出并有勇气实现梦想的女性带来无限的机会。"然而,在创业之初,她就经历了失败,玫琳凯用5000美元建立了"美梦公司",自己包装产品,贴标签,在标签上写着"玫琳凯化妆品"。但是,就在公司开张一个月的时候,丈夫因心脏病发作不幸去世,同时,律师警告她，经营化妆品公司的失败率极高，但是，玫琳凯仍决定再试一次。一路走来，她经历了不少弯路，但是，玫琳凯从来不灰心、不泄气。

有一句很受玫琳凯推崇的话："失败一次，就向成功靠近一步。"那些成功者绝不会害怕人生所面临的失败，从来不畏惧再次尝试。玫琳凯经常对公司员工说："如果比较一下我们的双膝，你们会看到我膝上的伤疤比在场的任何一个人都要多，这是因为我一生中有过无数次摔倒再站起的经历。"

》明自我得失

其实，我们应该把人生的每一次失败都当作是尝试，不要抱怨上天的不公平，不要责怪家人和朋友，抱怨只会让我们离成功越来越远，试着接受每一次失败，调整好心态，从失败中吸取教训，这样我们在成功的路上才会走得更远。

别和自己斗气，胜不骄败不馁

古人云："胜而不骄，败而不馁。"在生活中，当我们赢得成功的时候，决不可骄傲；而当遇到挫折与失败之后，也决不能气馁。不管我们做什么事情，都应该采取这样的态度。我们应该明白，成功只是一时的，失败也是不可避免的，成功者不应该以为自己好像是常胜将军，而失败者不应该失去进取的信心。如果你总是成功后骄傲自满,而在失败后垂头丧气,自暴自弃,那这样的态度就意味着你在跟自己斗气,这些态度是不应该有的,我们应该做到"胜不骄,败不馁",戒骄戒躁,努力寻找自身的优点和长处,强化自己,努力做到心平气和面对成功和失败。在生活中,任何事业都有可能受挫,虽然成功的人是伟大的,但那些在失败面前能再次抬头前进的人更是值得尊敬的。

俗话说:"失败乃成功之母。"其实,我们所遭遇的每一次挫折或不利,都是一笔宝贵的财富,挫折可以增长我们的经验,而经验则能够丰富智慧。所谓"胜不骄,败不馁",明智的人绝不会因失败哀号,他们一定会积极地寻找办法,重新尝试,努力获得成功。

以他人为鉴

年轻时候的富兰克林很骄傲,有一次,一个工友把富兰克林叫到一旁,大声对他说:"富兰克林,像你这样是不行的!凡是别人与你意见不同的时候,你总是表现出一副强硬而自以为是的样子,你这种态度令人如此难堪,以致别人懒得再听你的意见了。你的朋友们都觉得不同你在一起时比较自在,你好像无所不知、无所不晓,别人已经对你无话可讲了,他们都懒得来和你谈话,因为他们觉得自己费了力气反而招来不愉快,你以这种态度来和别人交往,不去虚心听取别人的见解,这样对你自己根本没有好处,你从别人那里根本学不到一点东西,但是实际上你现在所知道的却很有限。"富兰克林听了工友的斥责，讪讪地说道："我很惭愧，不过，我也很想有所长进。""那么，你现在要明白的第一件事就是，你已经太蠢了，现在就已经太蠢了！"这个工友说完就离开了。

这番话让富兰克林受到了打击，他猛然醒悟了过来，开始重新认识自己，与自己的内心作了一次谈话，并提醒自己："要马上行动起来！"后来，他逐渐克服了骄傲、自负的毛病，成为了著名的科学家、政治家和文学家。

如果我们仅仅在取得了一次小小的成就之后，就翘起了骄傲的尾巴，那我们最后所遭遇的极有可能会是失败。在案例中，听了工友的话，骄傲的富兰克林意识到了自己的缺点，开始重新认识自己，并逐渐克服了自负的毛病。最后，他真的迎来了人生的成功。

有一只小雁，曾经得过幼雁百米短飞赛的冠军，从此它就变得骄傲起来，不再参加飞行训练。同伴叫它一起去练习，它不但不去，反而把它们讥笑一番。

很快，冬天到了，雁群要远迁到南方，小雁很想出风头，就离开了雁群，独自使劲地往前飞，第二天就飞不动了。这时，暴风雨来了，小雁被击落在湖边。当小雁离队伍越来越远时，它才认识到了自己的错误，但它并不气馁，它坚定地表示："我一定要赶上去！"于是，它开始了追赶雁群的艰难旅程。在飞行的途中，它的翅膀又痛又累，它忍受着；身子疲软乏力，它忍受着；伤口红肿发炎，它还是忍受着。这时，它脑海中只有一个念头：一定要回到队伍里去！终于，通过一些小动物的帮助以及自己的努力，它终于回到了队伍里。

从此以后，它再也不骄傲自满了，而是踏踏实实地参加飞行训练。

》明自我得失

小雁经历了骄傲之后的失败，也从失败中重新站了起来。在生活中，我们何尝没有这样的经历呢？但令人惋惜的是，多少人都像开始时的小雁一样，赢得了一点成绩就骄傲自负，但在失败后，他们却停止了前进的脚步，往往像只斗败的公鸡一样垂头丧气。

当一个人赢得成功之后，如果他只知骄傲自满，那他很有可能即将面临的就是失败；反之，当一个人遭遇失败之后，如果他能够及时地寻求方法进行补救，那他很有可能会重获成功。在这个世界上，除了心理上的自暴自弃，实际上并没有什么真正的失败，只要还有信念，那就一定会赢得胜利。

乐观让你在磨难中迅速成长

美国作家拿破仑·希尔说："人与人之间只有很小的差异，但是这种很小的差异却可以造成巨大的差异。很小的差异即积极的心态还是消极的心态，巨大的差异就是成功和失败。"当生活的灾难从天而降的时候，人们总会有两种截然不同的心态：有的人感觉到天塌下来了，什么都完了，除了抱怨还是抱怨，似乎他的整个生活都被不幸所吞噬了；有的人则心态乐观，他们甚至会将那些灾难和不幸当作朋友，最后，他们真的在磨难中有所收获，并赢得了人生的一笔财富。前者是拥有消极心态的人，在不幸遭遇面前，他只会斗气、抱怨；后者是拥有乐观积极心态的人，他们总是将生活的不幸当朋友一样看待。所以，当生活的不幸来临时，乐观积极的心态是一个人战胜艰难困苦，走向成功的助推器。

以他人为鉴

在大山里，有一个悲惨的男孩，在他 10 岁时母亲就因病去世了，父亲是一个长途汽车司机，长年累月不在家，没有办法照顾男孩。于是，自从母亲去世后，小男孩就学会了自己洗衣、做饭、照顾自己。然而，上天似乎并没有过多地眷顾他，在男孩 17 岁的时候，父亲在工作中因车祸丧生，在这个世界上，男孩没有什么亲人能够依靠了。

可是，对于男孩来说，人生的噩梦还没有结束。男孩好不容易走出了失去父亲的悲伤，外出打工，开始独立养活自己。不料，在一次工程事故中，男孩失去了左腿，惨遭人生的挫折，但男孩并不抱怨，也不生气，反而让他养成了乐观的性格。面对生活中随之而来的不便，男孩学会了使用拐杖，有时候不小心摔倒了,他也从来不请求别人帮忙,同时,他还从事着一份简单的工作。

几年过去了,男孩用自己全部的积蓄开了一个养殖场,但老天似乎真的存心与他过不去,一场突如其来的大火,将男孩最后的希望都夺走了。

终于,男孩忍无可忍,气愤地来到了神殿前,生气地责问上帝:"你为什么对我这样不公平?"听到了男孩的责问,上帝一脸平静地问:"哪里不公平呢?"男孩将自己人生的不幸,一五一十地说给上帝听,听了男孩的遭遇后,上帝说道:"原来是这样,你的确很悲惨,失败太多,但是,你干吗要活下去呢?"男孩觉得上帝在嘲笑自己,他气得浑身颤抖:"我不会死的,我经历了这么多不幸,已经没有什么能让我害怕的了,总有一天,我会凭借着自己的力量,创造出属于自己的幸福。"上帝笑了,温和地对男孩说:"有一个人比你幸运得多,一路顺风顺水走到了生命的终点,可是,他最后遭遇了一次失败,失去了所有的财富,不同的是,失败后他就绝望地选择了自杀,而你却坚强、乐观地活了下来。"

》明白我得失

人生的不幸历练了男孩坚强的性格,生活的失败铸就了男孩积极乐观的心态。遭遇事业的失败后,男孩忍不住了,责问上帝为什么对自己这样不公平。这样的行为,我们似乎在大多数失败者身上都能看到,每每遇到人生不如意的时候,他们总是质问："老天，为什么我总是不幸的，为什么对我这样不公平？"在上帝的启发下，男孩明白了。即使自己失去了所有，他也不会退缩，或许真的就如他自己所说的那样，总有一天，他会凭借着自己的力量，创造出属于自己的幸福。

罗斯福在参选总统之前被诊断出患了小儿麻痹症，医生对他说："你可能会丧失行走的能力。"听了医生的宣判，罗斯福没有泄气，反而乐观地说："我还要走路，而且我还要走进白宫。"对于一个拥有着乐观心态的真正的强者而言，人生的一点挫折、失败并不算什么，罗斯福最终走进了白宫，成为美国最伟大的总统之一。乐观的心态总会让我们在磨难中迅速成长，最终助我们采摘成功的果实。

培养忍耐力，成大事者不畏失败

哲人说："挫折造就生活。"凡是能够成大事者，他们都必须经得起挫折的历练，经得起失败的打击，因为成功是需要经历风雨洗礼的。一个人要想成功，就应该有意识地培养自己的忍耐力，因为成大事者是不畏失败的。挫折与失败就好像是成功路上的石头，对于那些内心脆弱的人而言，它是一块绊脚石，让他们止步不前；而对于内心极具忍耐力的人而言，它就是一块垫脚石，会让你站得更高，看得更远。一个人若是经不起失败，受不了风雨的洗礼，那他只会沉浸在失败带来的痛苦之中，除了不断地抱怨，别无他法，在他们心中，没有希望，也没有前进的动力。实际上，挫折从来都不是绊脚石，在经受失败和挫折的过程中，锻炼了我们承受挫折的忍耐力，而我们从失败中所汲取的经验和教训将成为我们赢得成功的有力保证。一个想成大事的人，应该不畏惧失败和挫折，努力培养自己的忍耐力，彻底清除心中的"败气"。

以他人为鉴

一位少年自认为看破了红尘，放下了一切，历经了千辛万苦找到了隐藏在深山里的寺院，他求见方丈想出家，他认为自己只有在这里才能真正地洗去尘世的繁华与浮躁。方丈仔细打量着少年，问道："做和尚要独守孤灯，终身不娶，你能做到吗？"少年坚定地回答："能。"方丈又问："做和尚要每日三餐粗茶淡饭，粗衣薄衲忍受夏热冬寒，你能忍受得了吗？"少年回答说："能。"方丈又问："做和尚要无欲无求、无怨无恨，不问恩情，不记仇恨，无论任何时候都要心如明镜不染尘埃，你能做到吗？"少年斩钉截铁地说："能。"然后，方丈又问了一些关于佛法的东西，少年都能作出很好的回答。但是，最后方丈拒绝了少年出家的请求并把少年送下了山。临走时，方丈留下了这样一句话："未曾拿起莫谈放下，当你真正拿起时，你再回来告诉我你还能不能放得下。"

真正的放下，应该是"无欲无求，无怨无恨，不问恩情，不记仇恨，无论任何时候都要心如明镜不染尘埃"，而这需要强大的忍耐力。没有真正地经历过挫折，自然就没有足够的忍耐挫折的能力，挫折一旦降临，少年便冲动地想要逃避整个现实世界，想来在他心中还是有怨气，同时，还有一股"败气"，所以，他的请求遭到了方丈的拒绝。

杨润丹是美国杨氏设计公司的总裁，同时，她也是一位资深设计师。早年，她毕业于纽约大学的室内设计专业，后来在美国密歇根大学获得硕士学位。作为设计行业的领军人物，她已经从事设计工作三十年了，在工作中，她倡导创造高品质的生活，并将不同的潮流设计带入到室内外的设计中。与此同时，她所创造的品牌不断发展壮大，得到了越来越多人的支持与认可。

初识杨润丹，发现她是一个优雅恬淡的女子：细柔的言语、恬淡的笑容。但是，随着交谈的深入，很快发现她并不是一个柔弱的女子，在她的骨子里有着一份比男人更强的坚韧、执着。在受传统思想影响的社会，一个女人想要做成事儿真的很难，她们往往比男人付出更多，却收效甚微。杨润丹说："我并不想做一个女强人，也不喜欢别人这样称呼我。在中国，大部分的女性都很优秀，而我只是找到了自己想要去坚持和努力的信仰，凭着那份坚韧与执着一步步走下去而已。"

早年，移居美国的杨润丹跟随父亲第一次踏上中国的土地，后来，由于设计便常常往返于中国与美国之间。随着对中国的熟悉，心有志向的杨润丹决定在中国成立工程公司。刚开始创业的时候，她白天做设计，晚上去工地检查、指导、学习，回忆那段辛苦的日子，她说："一个女人在中国、在北京，我们没有任何背景，没有任何关系，一开始赔了很多钱，无数次地想背包回去不来了，那时我还在生病，可是我想这么多人跟着你，客户把工作给你，就是相信你，所以，我只能成功，不能后退。"

杨润丹，就是一个能力与耐力兼具的女子，她心中的那份强劲的忍耐力，为其成功奠定了扎实的基础。

问到成功的秘诀，杨润丹坦言："忍耐力是杨氏在中国成功的秘诀。"在杨润丹这个执着而认真的女子身上，从来不缺乏忍耐力。孤身在北京，过得十分辛苦，而且一开始就面临了失败，虽然她也曾无数次想背着包回家，但她依然以强大的忍耐力坚持了下来，最后，她成功了。做成一件事情，必然要经历挫折与困难，在这时若是不能坚持住，若缺乏一定的忍耐力，那事情肯定不会成功。

◈ 明白我得失

那些对未来有追求和抱负的人总是视失败为动力，将失败当成他们走向成功的跳板，他们从来不去抱怨，也从来不去埋怨别人，更不会与自己斗气。因为他们比谁都明白，失败是人生的一门必修课，自己能否顺利毕业，取决于内心是否有强劲的忍耐力。当然，并不是所有失败都可以挽回，它有一定的破坏性,但即便我们遭遇了失败,也不要与自己斗气,不要怨天尤人,埋怨只会无限地扩大失败带来的损失,它只会让我们越来越堕落。面对失败,我们所需要做的就是不畏惧,直面失败,将"败气""怨气"通通都咽下,将生活中的每一次失败当成是一次考验,只要你拥有足够的忍耐力,就一定能战胜失败,赢得最终的成功。

放松下来,理性分析反败为胜

在生活中若是遭遇了灾难和不幸,我们本该静下心来寻找新的解决办法,但现实生活中的大多数人却总是不能自已,他们总是纠结在失败的痛苦之中,总会反反复复地考虑:为什么不幸的总是我?为什么我的命运如此多舛?为什么上天总是这样不公平?如果在这时,他们看见别人正幸福地生活着,他们更会觉得不甘心,觉得自己是如此无辜。就这样,他们沉浸在失败的痛苦之中,慢慢地,身心变得越来越颓废,他们对未来失去了希望,内心的斗志已经被失败的痛苦所腐蚀,他们早已经忘记了奋斗,他们只是不断地纠结在过去的失败和不幸之中。意志消沉导致他们失去了挣扎的勇气,就这样日复一日,年复一年,如同行尸走肉般地生活着。对于这样的人而言,人生还有什么意义呢?所以,如果我们的生活遭遇了磨难和不幸，应该学会放松下来，而不是沉浸在失败的痛苦之中。

以他人为鉴

金蒙特在18岁的时候，就成为了全美国最受欢迎的滑雪选手之一，"金蒙特"这个名字出现在美国的大街小巷，照片也上了许多杂志的封面。美国人全部都看好金蒙特，认为她一定能为美国夺得奥运会的滑雪金牌。

然而，不幸总是降临在那些满怀希望的人身上。在奥运会预选赛最后一轮的比赛中，由于雪道太滑，金蒙特不小心摔了出去。当她从医院里醒来，发现自己虽然捡回了性命，但是自肩膀以下的身体却永远失去了知觉。金蒙特明白：人活在世界上只有两种选择，奋发向上或者意志消沉。最后，金蒙特选择了奋发向上，因为她对自己的能力坚信不疑。

虽然，金蒙特不可能再成为滑雪冠军，但在艰难的日子里，她依然追求着有意义的生活。她学会了写字、打字、操作轮椅和自己进食，同时，金蒙特确立了自己新的理想，那就是成为一名教师。由于行动不便，当金蒙特向教育学院提出教书的申请时，学校的领导都认为她不适合当教师。但是，金蒙特想成为教师的信念十分坚定，她继续接受康复治疗，同时不放弃自己的学业，终于，金蒙特获得了华盛顿大学教育学院的聘请，实现了自己的愿望。

金蒙特在失去了做一名滑雪运动员的机会以后，她并没有放弃自己的人生，虽然，这样的打击是残酷的，但她更明白，面对不幸只有两种选择,奋发向上或者意志消沉。最后,金蒙特没有沉浸在失败的痛苦之中,而是重新开始,她给自己树立了适合的目标——做一名教师。或许,对一名正常人而言,做一名教师是很简单的事情,但对于金蒙特来说,这却是非常困难的,但她能够坚持下去,终于,她的所有努力换来了应有的回报。

一天夜里,小偷潜入了明末清初史学家谈迁的家里,但是,小偷发现谈迁家里空荡荡的,根本没有什么值钱的东西。正当小偷准备失望而归的时候,他一眼瞥见了屋子角落里有一个锁着的竹箱,小偷如获至宝,以为里面装着值钱的东西,就把整个竹箱偷走了。其实,那个竹箱里并没有什么值钱的东西,而是谈迁刚刚写好的《商榷》,对于小偷来说,这东西一文不值,而对于谈迁来说,却是珍贵的书稿。

二十多年的心血化为乌有,这对谈迁来说,是一个致命的打击。他已经年过半百,两鬓花白,似乎无力坚持下去了。但是,谈迁没有放弃,他不断地鞭策自己:再写一本将会更精彩。在强大信念的支撑下,谈迁从痛苦中崛起,重新撰写那部史书。10年以后,又一部《商榷》诞生了,新写的《商榷》共有104卷,500万字,而且内容比之前的那部更精彩、翔实,谈迁也因而名垂青史。

如果在书稿被盗之后,谈迁就一直沉浸在痛苦之中,那估计我们现在就无法阅读到如此精彩的《商榷》了。值得庆幸的是，谈迁虽然年过半百，但他还是放下了心中的痛苦，不断地鞭策自己，在痛苦中崛起，铸就了《商榷》这部传奇。

明白我得失

生活中，有的失败和不幸是不可避免的，我们所能做的就是接受，然后想办法改变现状。如果面对失败与不幸，你还有时间和精力去痛苦、悲伤，还不如好好利用现有的时间去打磨自己，从而放下内心的不甘和痛苦，然后重新拥抱成功。

让脾气成为迎战困难的动力

在某些时候，脾气也可以成为我们迎战困难的动力，特别是一些执着、冷静的性格，更可以成为战胜困难的助推器。如果我们总是在追问为什么有的人总是能置之死地而后生，那不妨先看看他们的脾气秉性到底是怎么样的。在生活中，有的人是永不服输的个性，不管自己遭遇了多么大的磨难，他们从来不低头，也从来不妥协，而是一次次执着地走下去。当然，有这样脾气的人，我们可以称之为"固执"，但从他们身上透露出来的是对成功的渴求，以及对信念的坚持。或许，在平时，我们不会觉得脾气对我们赢得成功有什么帮助，但一旦遭遇失败，"执着"的优势就显现出来了，那些天性"固执"的人，他们不会轻易就被困难吓倒，即便前面荆棘满地，他们也会咬牙坚持到底，因为骨子里执着的脾气令他们没有丝毫的懈怠。

》 以他人为鉴

许多年前，一位在政界颇有分量的女性到美国南卡罗来纳州的一个学院给学生发表讲话。虽然，这个学院规模并不是很大，但这位女性的到来，还是使得本来不大的礼堂挤满了兴高采烈的学生，学生们都为有机会聆听这位大人物的演讲而兴奋不已。

经过州长的简单介绍，演讲者走到麦克风前，她用眼睛扫视了一遍下面的学生们，然后开口说："我的生母是聋子，我不知道自己的父亲是谁，也不知道他是否还活在人间，我这辈子所得到的第一份工作是到棉花田里做事。"

台下的学生们都呆住了，那位看上去很慈祥的女人继续说："如果情况不尽如人意，我们总可以想办法加以改变。一个人若想改变眼前的不幸或不尽如人意的情况，只需要回答这样一个简单的问题。"随后，她以坚定的语气接着说："那就是我希望情况变成什么样，然后全身心投入，朝理想目标前进即可。我是一个不服输的人，这样的脾气推动着我走到现在。"说完，她的脸上绽放出美丽的笑容："我的名字叫阿济·泰勒摩尔顿，今天我以第一位美国女财政部长的身份站在这里。"顿时，整个礼堂爆发出热烈的掌声。

阿济·泰勒摩尔顿是一位女性，一位生母是聋子、不知道亲生父亲是谁的女性，一位没有任何依靠又饱受生活磨难的女性，而恰恰是这位表面柔弱的女性，竟成为了美国女财政部部长。说到自己的成功，她只是轻描淡写地说："我希望情况变成什么样，然后就全身心投入，朝理想目标前进即可。"这句看似平常的话语，透露出她性格中的坚韧与执着，那骨子里不服输的脾气，竟然成为了她战胜困难的无限动力。

威廉、约克和李维相约去美国旧金山淘金，当他们达到目的地以后，却发现现实远没有想象中美好。在当地，比金子更多的是淘金者。面对这样的情况，三人都感到很失望，不知道该怎么办。

威廉满腹失望，但是内心却不甘，既然来到了旧金山，说什么还是去寻找金子才是正确选择，于是，他决定还是去淘金，几年过去了，他依然过着劳苦而贫困的生活；约克对淘金已经没有太大兴趣了，他暂时打消了自己淘金的念头，想在当地另谋生路，后来，他发现了废弃在沙土中的银，便开始了自己冶银的事业，几年过去了，他成为了当地的富翁；李维与约克一样，他觉得淘金虽然有可能成功，但是，面对着比金子还多的淘金者，他预感到做一个淘金的工人似乎并不是理智的选择，等到平静下来之后，李维想到了自己的手艺，他决定卖耐磨的帆布裤。他对帆布裤加以改造，发明了牛仔裤，后来，李维创立了世界名牌 LEVI'S。

❯❯ 明白我得失

有时候，冷静的脾气也可以为我们带来成功。就好比这个案例中，约克和李维面对所处的环境，做出了冷静的选择，及时地改变了一事无成的局面。当遭遇了挫折时，我们在战胜逆境的过程中，最重要的是保持平和的心态，冷静地思考什么样的选择才是正确的。

我们从来不否认某些性格对于我们战胜困难会发挥出巨大的作用，但我们也不主张，无限制地将"脾气"发挥出来。比如，脾气固执的人，可能会一头钻进死胡同，这样对成功同样是极为不利的；而习惯于冷静的人，也可能因太过于冷静而变得优柔寡断，等等。在人生的旅途中，我们要善于发挥出性格的优势作用，使之成为迎战困难的推动力。

第03章
化解火气，才能看得见生活的美好

在生活中，我们的内心时常会滋生焦躁的火气，在这时不要与自己斗气，而是要努力平复焦躁的火气，比如追求简单的生活，学会淡定从容地生活，给自己积极的心理暗示等，通过这些途径可以有效地消减我们内心的火气，从而让心灵感受如风的快乐。

运动，在汗水中赶走不快

当怒火袭来，心中的不快如何释放，不良的情绪该如何宣泄呢？当一个人的不良情绪积压到无法承受的时候，人可能会崩溃，他们会感觉到焦虑、乏力、烦躁、创造力减退等，有时候身体也会出现食欲不振、心痛、心悸、胃肠不适、脱发等不良反应。现代社会，经常从人们嘴里蹦出来的是"郁闷""压抑"等情绪化词语，由于经常会在生活和工作中遇到一些不开心的事情，许多人会不自觉地把生气、委屈、愤怒等不良情绪闷在心里。对此，心理学家指出，长期将不良情绪积压在心里对自己是有害的。一方面，将不良情绪积压在心里，别人并不知道你在生气，别人的言行可能会让生气的人心理波动更大；另外一方面，对于自己而言，消极情绪积压越来越多，心里就会越来越不舒服，直至崩溃的边缘。那如何才能找到正确的发泄途径呢？运动，当然是运动，在汗水淋漓中，挥发掉内心的不快，运动之后，整个人顿觉清爽不已，那些长期积压在心中的坏情绪也会消失得无影无踪。

那些容易生气的人，应该学会正确地应对生活中的事件和不良情绪，同时要学会沟通。而当缺乏沟通渠道时，运动则是一剂良方，多运动，多拓展自己的兴趣，在运动中可以忘记很多东西。确实，我们完全可以通过运动的方式来使自己得到放松，比如跑步、打篮球、打排球，运动之后全身都充溢着酣畅淋漓的快感，并由此获得一种心理上的平静。通过跑步发泄的人，可以在速度中跑去烦恼；通过打羽毛球发泄的人，由于此项运动是灵敏度和速度的结合，需要精神高度集中，可以很快忘掉烦恼；通过打篮球发泄的人，他们可以在汗水中忘却烦恼。

运动，确实是一个不可多得的健康途径。当一个人被不良情绪困扰的时候，在他身体内部就好像住着一个会生气的魔鬼，他需要使劲才能摆脱它，恰好运动就是这样极具力量的方式。在运动中，我们出汗了，臂膀有力地挥舞着，在这个过程中，我们已经摆脱了那个生气的魔鬼。同时，运动其实也是需要讲究方法和智慧的，尤其是其中的某些运动需要集中全部注意力，这时我们已经没有多余的时间去生气了。

》以他人为鉴

林浩上大学时是学校运动协会的会员，他几乎擅长所有的运动，而且大多都是极具力量的运动，比如跑步、篮球、足球等。偶然的一次机会他竟然发现运动还有其他效用，那就是可以发泄自己内心的消极情绪。

那是在大四的最后一个学期，林浩信心十足地去一家自己向往已久的公司应聘，没想到最终却被淘汰了。顿时，林浩有一种心如死灰的感觉，好像自己四年大学都白念了，他觉得自己好没用。内心的委屈、羞愧、挫败感一起袭来，他觉得自己整个人都要疯掉了。在情绪交错之间，林浩无意识地抱起了地上的篮球，飞一般地跑向篮球场，三步、两步、上篮、灌篮，他几乎已经与篮球融为一体了，不断地重复着相同的动作。这样大概持续了20分钟，他终于没力气了，瘫坐在地上，心中的阴霾一扫而光，他笑了，从前那个爽朗的自己又回来了。

从这以后，林浩就将运动当成了自己发泄的途径。工作以后，找不到合适的运动场所，他就喜欢去健身房。每一次去运动，都要让自己运动到出汗为止，看到出汗了，他就觉得那些不快好像都被蒸发掉了。

》 明自我得失

心情不好就想办法出汗，这是一个不错的方法。许多年轻人都喜欢通过运动来排忧解闷，适当的运动更是调节情绪、缓解压力的好方法，因为运动本身可以调节人体内分泌，对身体是很有益的。一个人心情的好坏，与大脑内分泌的一种名为"内啡肽"的物质的多少有关系，而运动则可以刺激内啡肽分泌增多，令人们获得轻松愉悦的身心状态，有助于人们排遣怒气和不快。当然，并非只要运动就可以产生愉悦的心情，比如瑜伽、健身操、跑步、登山等运动，每次需要持续运动在30分钟以上才可以刺激内啡肽的分泌。

此外，我们需要注意的是，运动也需要讲究一定的限度。如果一味地将运动当作一种发泄的手段，反而会伤身。过大的运动量会透支体能，给身体带来损害；如果运动时你的注意力不集中，会增加运动的危险系数，造成肌肉拉伤。因此，当我们在通过运动发泄怒气的时候，需要把握一个度，要在不伤害身体的情况下进行，否则便是得不偿失了。

用微笑回击有意气你的人

生活中，当有人不怀好意地气自己，该如何是好呢？有的人会选择生气，有的人会选择置之不理，其实，最有效的方法是以淡定的笑容回应，这既是一种回应，但更显示出自己心胸的宽阔，凸显出对方的愚蠢。此外，淡定的笑容还有一个神奇的功效，当我们对着别人微笑时，自己也会感受到微笑的作用，并能够适时平静下来。反之，如果你总是不服气，恶语相向，引发愤怒的情绪，那才是顺了对方的心愿，因为对方之所以想方设法嘲讽你、讥笑你，最终目的只有一个——激怒你。在这样的情况下，我们就是遂了对方的意愿，我们越是生气，他就越是高兴。反之，如果我们不生气，依然快乐，对方反倒不知道该如何是好了，这会让他感受到一种挫败感，原来用言语激怒对方并没有任何效果，他自然会灰溜溜地离开。

面对无礼者的肆意攻击，我们不需要怒气冲冲，也不需要正面回应，只需要露出淡定的笑容即可。淡定的笑容彰显着一种平和的情绪，单单这种情绪就可以击退对方。如果我们遭受了那些不怀好意人的嘲讽，不要生气，应学会克制自己的情绪，保持淡定的微笑，这样的反击才倍显力量。通过淡定的微笑，不仅能显示出自己的涵养，而且保持平和的情绪，帮助我们冷静、从容地思考出最佳的对策。

》以他人为鉴

有这样一位清洁工阿姨，每天，她不仅干着最劳累的活，还常常遭受路人的白眼，但是，无论在什么时候，她所流露出来的都是脸上淡淡的笑容。

有记者采访她，问道："为什么面对那些骂你的、蔑视你的人，你都不会生气呢？"清洁工阿姨回答说："有什么值得生气的呢？他们对我无礼，我岂能还之以无礼，他们用最肮脏的话、最冷漠的眼神来蔑视我，我当然以笑容来蔑视他们了。因为失去修养的是他们，而不是我，如果我生气了，不正好中了他们的心思吗？所以，面对这些故意气我的人，我坚决不生气。"

清洁工阿姨简简单单的一句话，却揭示出了深刻道理，确实，既然是对方无礼的行为，我们又何必去生气呢？如果我们真的生气了，那才是愚蠢的行为，是拿别人的错误惩罚自己。在这时，最好的回击方式，就是给予对方一个淡定的微笑，这是一种无声的回应，却是最有效的回应。在淡定的微笑中，不仅消减了我们内心的愤怒，同时也融化了对方的敌对情绪。

❯❯ 明自我得失

一个容易斗气的人，很容易就会被他人的言语激怒，从而因情绪过激说出一些伤人的话语。实际上，当别人有意气你，你越是生气，对方越会因为自己的计谋得逞而高兴。如果我们真的生气了，那岂不是自己往陷阱里跳吗？因此，不管对方说的话有多难听，不管对方的态度多嚣张，我们只需要保持淡定的笑容，不让对方有机可乘，我们就会真正赢得这场"战争"。

无论在什么时候，淡定的微笑都有一定的征服力。谁能在对峙中保持淡定的微笑，谁就能够赢得最后的胜利。反之，与淡定微笑相对的是愤怒的情绪，它就像是一个魔鬼，会将我们推入地狱；而淡定的微笑可以平复我们内心激动的情绪，给予对方强有力的震撼，那看似淡定的微笑，实则是对他人有力的还击。

适时自嘲，其实一切没什么大不了

有人说："无论你想笑别人什么，都不妨先笑你自己。"在生活中，自嘲简直可以说是治疗尴尬的一剂良药，当自己遭遇尴尬的时候，不妨拿自己"开涮"，反而会让身边的人开怀大笑。如果有人激怒你，没什么大不了，不妨自嘲一下，化解自己尴尬的同时，也向对方展现出一个胸怀大度的自己。幽默一直被人们称为只有聪明人才能驾驭的语言艺术，而自嘲又被称为幽默的最高境界。自嘲是缺乏自信者不敢使用的语言艺术，因为它要求你骂自己，也就是要拿自身的失误、不足甚至生理缺陷来"开涮"，对丑处、羞处不予遮掩、躲避，反而把它放大、夸张、剖析，然后巧妙地引申发挥，并自圆其说，博得一笑。所以说，那些善于自嘲的人，必须是智者中的智者、高手中的高手。在生活中，如果有人想贬低我们，不管对方是有意的还是无意的，不可避免地都会让我们心生不快，这时如果我们以犀利的语言还击，那自然会让场面更加尴尬，在这样的情况下，拿自己"开涮"才是上上之策，不仅可以挽救尴尬的局面，还可以显示自己的大度。

同时，自嘲还会产生幽默的效果，挽救自己的同时也娱乐了大家。当然，如果我们想运用自嘲的语言艺术，那首先应具备豁达、乐观、洒脱的心态，如果缺少这些特质，我们是没办法自嘲的。那些生活中斤斤计较、尖酸刻薄的人是难以自嘲的，他们只会跟别人争执，将场面搞得更僵，因为他们没有勇气拿自己"开涮"，更重要的是，在狭隘的心理作用下，他们会想办法报复，而绝不会以自嘲化解尴尬。在日常交际中，就语言表达艺术而言，自嘲的语言艺术是最安全的，因为伤害不到其他任何人。

》以他人为鉴

在一个中秋之夜，乾隆皇帝在御花园召集群臣赏月。他一时兴起提出要与纪晓岚对集句联，以增雅兴。一向自恃才高、文思敏捷的乾隆先出了上联："玉帝行兵，风刀雨剑云旗雷鼓天为阵"。出完了上联，乾隆自信满满地望着纪晓岚，看他如何对下联。

纪晓岚沉思片刻，对出了下联："龙王设宴，日灯月烛山肴海酒地作盘"。明眼人都看出，纪晓岚的下联不但工整，而且气势宏大，与乾隆所出的上联相比简直是有过之而无不及。可是，乾隆听了下联，脸色一时间阴沉下来。纪晓岚当然明白乾隆的心思，俗话说"伴君如伴虎"，一向好胜的乾隆，怎么容得下别人所对的下联呢？看来自己不该逞强，弄不好会引来杀身之祸。

面对这样的情况，纪晓岚心里也很着急，但他并非等闲之辈，只见他灵机一动，巧舌如簧："皇上贵为天子，故风雨雷电任凭驱策、傲视天下；微臣乃酒囊饭袋，故视日月山海都在筵席之中，不过肚大贪吃而已。"听到纪晓岚这番话，乾隆刚刚消失的得意之色再露，笑着对纪晓岚说道："爱卿饭量虽好，如非学富五车之人，实不能有此大肚。"

在上面这个故事中，在那样的情况下，纪晓岚唯一的办法也就是拿自己"开涮"，有什么大不了的呢？比起丢掉性命，自嘲算是很轻松的。适度的自嘲，不仅是一种良好的修养，而且还能化解一场危机。

20世纪50年代初，美国总统杜鲁门会见十分傲慢的麦克阿瑟将军。会谈中，麦克阿瑟拿出烟斗，装上烟丝，把烟斗叼在嘴里，取出火柴。当他准备划燃火柴时，停下来对杜鲁门说："抽烟，你不会介意吧？"

显然，这不是真心征求意见，在他已经做好抽烟准备的情况下，如果杜鲁门说他介意，就会显得粗鲁和霸道。这种缺少礼貌的傲慢言行使杜鲁门有些难堪。然而，他看了麦克阿瑟一眼，说道："抽吧。将军，别人喷到我脸上的烟雾，要比喷在任何一个美国人脸上的烟雾都多。"

麦克阿瑟将军当然不是真心征求意见的，他那种行为显然是一种挑衅，但杜鲁门更明白，如果自己表现得很生气，当场撕破脸皮，那会影响到两国的交往。其实，有什么大不了的呢？以漫不经心、自嘲的口吻说几句取悦人的话，可以活跃气氛，消除彼此之间的尴尬。

❯ 明白我得失

其实，自嘲是一种心理成熟的标志，通过拿自己"开涮"的方式平复内心的怒气，同时也化解对方的敌意，确实算是高明的斗心谋略。与其跟自己斗气，还不如与他人斗心，你越是不在意，越显得自己很大度，自然在人格上就战胜了对方。

第03章 化解火气，才能看得见生活的美好

开怀大笑，让那些火气烟消云散

有一位智者很喜欢大笑，而且，通常是在嗔怒时大笑，弟子感到不解："既然这么生气，为什么还会选择笑呢？"智者这样回答："因为大笑可以帮我赶走内心的怒气，即使我强迫自己大笑，也能够起到这样的作用，既然笑能有如此的作用，我又何苦选择生气呢？"原来，开怀大笑是消除精神压力的方法之一，同时，也是一种愉快的发泄方式。当愤怒的情绪找不到发泄的出口，我们应该选择开怀大笑，以忘记心中的忧虑，让那些火气烟消云散。当爽朗的笑声冲上云霄，我们心中的怒气也就自然消失了，这就是所谓的"笑一笑，十年少"。在西方国家也有类似的谚语："开怀大笑是一剂良药。"由此可见，开怀大笑对一个人身心的益处，得到了中西方人们的普遍认可。其实，笑是很简单的，它是人类与生俱来的本领。如果说其他的发泄方式还需要学习，那想必开怀大笑是任何人都不用学习的，还犹豫什么呢？当怒火攻心的时候，让自己开怀大笑，那些心中的不快自然会烟消云散。

》以他人为鉴

小王大学毕业后，进入了一家大公司，不过，拿着名牌大学的毕业证，他却只能在办公室里当一名普通的文员，这令小王十分苦恼，心中常常为此愤愤不平。另外，由于小王不太善于表现自己，内心有着强烈的自卑感，使得他的才能无法施

展。过了一段时间后，小王觉得生活压力越来越大，整天没有精神，莫名其妙地失眠。小王觉得自己心理有了问题，在一个星期天，他走进了一家心理咨询中心。面对医生，小王倾诉了心中的苦闷，不过，医生并没有给小王任何的劝导，而是提出一个小小的要求："每天早晨起床后，什么都不要干，先对着镜子里的自己笑一下，在一天的工作中，如果感到苦闷了，就找个安静的地方，开怀大笑一番。"小王半信半疑，但是，还是照心理医生的话去做了。

一个星期过去了，小王又去了医院，医生问他："感觉怎么样？情况是否有所改观？"小王感慨地说："真没想到，这个办法真的很有效。"原来，刚开始照镜子的时候，小王被自己的样子吓了一跳：眉头紧皱，满脸沮丧，活脱脱一张苦瓜脸。虽然，以前小王也会对着镜子剃须、洗脸之类的，但那时都是面无表情，小王意识到自己好久没有认真地审视过自己了。小王想着以前自己是一个快乐的男孩，记得自己以前也是喜欢笑的。当他第一次对自己微笑的时候，却发现笑容变得十分僵硬。后来，小王开始每天对镜子里的自己笑，他在镜子里看到了一个快乐的自己，他感到消失的力量回来了。

小王有些疑惑地问医生："请问这是什么道理呢？"医生笑着说："笑赶走了你内心的怨气和忧虑，为你带来了自信和快乐，并且对你的生活和工作都有了较大的影响。"听了医生的话，小王恍然大悟，以后，在办公室里，同事们经常能听到小王那爽朗的笑声。

》明自我得失

当一个人大笑的时候，大脑会立即分泌内啡肽，内啡肽可以赶走压力，驱走内心的负面情绪，让人释放压力。即使强迫自己大笑，也会产生同样的效果。当然，我们所需要的是健康的开怀大笑，这不得不有一些前提的条件，比如，高血压患者应该尽量避免大笑，否则会引起血压上升、脑溢血等；正处于恢复期的患者也要避免大笑，因为这有可能使病情发作；还有，当一个人在吃东西或饮水的时候，也不要大笑，以免食物和水进入气管，导致剧烈咳嗽，甚至窒息。

美国马里兰大学医学教授迈克尔·米勒教授说："大笑可以提高内啡肽水平、强化免疫系统功能、增加血管中的氧气含量。"对此，有关心理专家认为，健康的开怀大笑还有诸多益处。德国研究人员发现，大笑 10~15 分钟可以增加能量的消耗，使人心跳加速，并燃烧人体一定能量的卡路里，所以，大笑是保持身材苗条的有效方式。而且，一个喜欢笑的人，他的运气一定不会太差，因为笑容可以让一个人看起来更有魅力，更自信，同时，还能够促进自我价值感的上升，有助于人们克服困难。

追求简单生活自然会开开心心

古人云："大道至简"，意思是越是真理的就越是简单的。在我们的一生中，总会有许多的追求，许多的憧憬，甚至我们会面临许多的诱惑：或追求真理，或追求刻骨铭心的爱情，或追求理想的生活，或追求金钱，或追求名誉地位等。但太多的欲求是否会让我们的生命难以承受呢？生命之舟若是太过沉重，生命就不再是一个蓬勃向上和快乐进取的过程，而是成为一个痛苦无奈的延续，而一个在痛苦中挣扎的生命，即使拥有的东西再多，也会黯淡无光。就像古人所说"大道至简"，其实，真正快乐的生活应该也是简单的，或者说，简单的生活才是快乐的。当然，这种简单并不是贫乏或贫穷，而是繁华之后的一种追求，是一种去繁就简的境界。越简单越快乐，这确实是简单的真理，因为简单，我们的心很容易知足，哪怕是生活中一个很小的惊喜，我们也会变得快乐不已，这时快乐已经不再那么奢侈，而是很容易就能获得。

美籍华裔数学家陈省身教授曾这样说道："把奥妙变成常识，复杂变为简单，数学是一种奇妙有力、不可或缺的科学工具，人生也是一样，越是单纯的人，就越容易成功。简单既是思想，也是目的。人生是一种乐趣，一种创造。人生快乐，快乐人生，生活的动力就是不断寻找和发现乐趣。生命是否有意义，包括事业、家庭生活、健康长寿等，都和快乐有关。一个人一生中的时间是常数,应该集中精力做一些好事。"当错综复杂的生活变得简单,你会发现快乐也是比较容易获得的,因为我们心中的想法已经变得简单,在这样的心境下,自然就容易变得快乐。

以他人为鉴

在宏村,有一位德高望重的老人,同时,他也是一位医术精湛的老中医。他行医的宗旨是"悬壶济世,解人疾苦"。对于那些贫困的病人,他不仅免费医治,而且还给予他们精神安慰和金钱上的帮助。他在家乡行医了半个多世纪,积蓄颇为丰厚,于是就在家乡开办了一座济老院,收留那些晚年生活无依无靠的老人,这个济老院完全是慈善性质的。

虽然老人花了大笔的钱来办济老院,但他自己的生活却坚持一切从简的原则。在宏村行走,他常年穿戴的都是旧而干净的布衣布鞋布帽,这些衣物的历史都在三十年以上,宏村的人们很少见到他添置新的衣帽,平时家里人置办新的衣服给他,他也不穿,而是将这些崭新的衣服送给那些有需要的人。在饮食上,他更是主张粗茶淡饭,以素食为主。生活如此之简朴,但老人却生活得异常快乐,他闲来没事时,就会去济老院陪那些老头老太太唠家常、叙往事。在老人70岁的时候,他在济老院的前后种植了大片的竹子,等到他101岁逝世时,竹子已经是郁郁葱葱,蔚然成林了。

后来,宏村的人为了纪念这位老人,专门在竹林前立碑,除了记述老人的生平事迹以外,还将这片竹林命名为"慈竹林"。

简单的生活，首先应该有简单的心态。老中医舍得花大笔钱办济老院，做慈善事业，并不意味着他在自己的生活中也是大手大脚，相反，他自己的生活一切从简，一点也不繁琐。恰恰是因为这样简单的心态，使他更容易获得快乐，从而也获得了长寿。

❯ 明自我得失

追求简单极致的生活，需要适当控制自己的欲望，这些欲望来自物质生活和人际交往的需要。而对于精神的追求，反而会更多。因为一个对物质和世俗关系追求很少的人，才可能有更多的时间去追求精神世界的丰富多彩。当然，欲望是难以克制的，欲望本身也是有区别的。有"度"的欲望是人生命的内在动力，是人们奋斗和追求事业成功的助推器；但是，一旦超过了限度，人的欲望就会像一匹脱缰的野马，最终会将一个人拖入无底的深渊。一个追求简单生活的人，他会心无旁骛，将那些引起自己烦恼的事物丢掉，不让它干扰自己的身心和脚步。简单使人快乐，简单生活是快乐的绝世法宝。

学会积极的自我暗示，告诉自己没必要生气

自我暗示，也就是自己主动自觉地通过言语、手势等间接的含蓄的方式向自己发出一定的信息，使自己按照自己示意的方向去做，自我暗示有消除恐慌和消极心态的功能。当我们

感觉到内心怒火蔓延的时候，不妨进行自我暗示，告诉自己没必要生气，渐渐地，你会发现奇迹真的出现了，那本来有蔓延趋势的怒火竟然在自我暗示中慢慢消退了。在苏联电影《列宁在1918年》里，警卫员瓦西里坚定地告诉妻子："面包会有的，牛奶会有的，一切都会有的。"这就是一种自我暗示，积极的心理暗示可以让我们摆脱不良情绪的困扰，重新找回久违的快乐。积极暗示心理学家马尔兹说："我们的神经系统是很'蠢'的，你用肉眼看到一件喜悦的事，它就会做出喜悦的反应；看到忧愁的事，它就会做出忧愁的反应。"于是，积极的暗示产生积极的心态，消极的暗示产生消极的心态，对我们来说，应尽量避免消极的心理暗示。

以他人为鉴

有一天，在公共汽车上发生了这样一件事情：一位老先生一不小心，踩了一位年轻姑娘的脚，那位年轻姑娘开口就骂人："你这个老不死的！"可是，这位老先生并没有生气，反而笑呵呵地说："谢谢！谢谢！"老先生这一举动，把周围的人都搞糊涂了，这是怎么回事呢？姑娘骂他是"老不死的"，他不但不生气，反而笑着说谢谢，这老先生的精神肯定有问题。这时，旁边的人问老先生："人家骂你，你还谢人家，这是为什么呢？"老先生回答说："她没有骂我，她是在给我祝福呢，我没有必要生气。第一，她说我老了，第二，她说我不会死，这不是给我祝福吗？我难道不应该感谢她吗？"听到这样的话，周围的人都笑了,那位年轻姑娘红着脸低下了头。

故事中的老先生所使用的就是积极的自我暗示法,虽然对方恶语相向,但老先生却自我暗示这是一种吉言,并通过自己的理解来使自己变得快乐起来,自然怒火也就不存在了。当然,在自我暗示的时候,身心需要得到放松,关注自身的状态,这样,我们才能够将注意力集中在某一事物中,时间久了,注意力会自然地分散,不再专注于任何事情,在这样的心境下,自我暗示的效果会更好。

1998年7月21日晚,在纽约友好运动会上意外受伤的、17岁的中国体操队队员桑兰成为了全世界最受关注的人。那确实是一个意外,当时桑兰正在进行跳马比赛的赛前热身,在她起跳的那一瞬间,由于外队教练的一个"探头"动作干扰了她,导致她动作变形,从高空栽倒在地上,而且是头部着地。个性温和的她在遭受如此重大的变故后却表现得相当乐观:"我相信一切都会好起来的。"她的主治医生说:"桑兰表现得十分勇敢,她从来不抱怨什么,对她我能找到表达的词语是'勇气'和'乐观'。"

或许,正是那份积极的心理暗示铸就了她坚强、乐观的性格,美国称她是"伟大的中国人民光辉形象"。在美国住院的日子里,许多美国民众都会去看她,不只是因为她受伤了,而是为她的精神所感染。是的,一切都会好起来的,在这样的信念下,桑兰逐渐好了起来,直到今天,她依然得到全世界人民的关注。

》明自我得失

心理暗示在日常生活中随时可以发挥作用，它是用含蓄、间接的方式对人的心理状态产生影响的过程。一般而言，心理暗示分为他人暗示和自我暗示，在生气时的积极心理暗示是一种自我暗示，即自己用某种观念暗示自己，并使它实现为动作或行为。自我暗示的作用是巨大的，它不仅能影响自己的心理与行为，还能影响我们的生理机能。积极的自我暗示对我们改善情绪有很大的帮助，当我们习惯于想那些快乐的事情时，我们的神经系统就会习惯地令自己保持一个快乐的心态，自然就不会生气了。

在生活中，如果我们是一个容易被激怒的人，那不妨经常给自己以积极的自我暗示。必要的时候，给自己一个积极的暗示语，比如"生气是无能的表现""生气是缺乏教养的""发怒是人类较为低劣的天性""没有必要生气"等，通过这样一些积极的自我暗示，控制自己的愤怒情绪，最终让自己的心平静下来。

第04章
克制怒气,发火前先给自己的情绪降降温

生活中,那些为小事而生气的人,他们的幸福是短暂而模糊的,因为只有那些心怀感恩和宽容的人,才会编织出属于自己的幸福。感恩与宽容就好像是和煦的春风,可以融化心中的"斗气"冰山。

别让怒气毁坏原本珍贵的情谊

　　人生匆匆,如果要让一生没有遗憾,那就要学会珍惜。不管我们的生活是否一帆风顺,都不妨以珍惜的态度面对,让自己的生活多几分舒适,少几分牵挂的苦楚,多几分惬意,少几分不满的抱怨,多几分珍惜。"珍惜",在汉语字典里被解释为珍重爱惜。大海之所以广阔无垠,那是因为它懂得珍惜每一条小溪;树叶发荣滋长,因为它懂得珍惜每一缕阳光;群山连绵巍峨,因为它懂得珍惜每一块砾石。人生在世,有许多东西需要我们珍惜,不过,现实生活中的人们却往往不懂得珍惜,只会自怨自艾,无休止地抱怨,在抱怨中自暴自弃,最终被自己的怒火所吞噬。所以,在现实生活中,我们要学会以珍惜的心态面对生活中的不如意。

　　珍惜,会让我们的心变得谦卑起来,对于自己所得到的一切,我们会小心翼翼,心怀感恩,不奢求那些自己得不到的东西,这样一来,我们所能抱怨的东西就少了,因为我们的心灵花园已经被阳光充满了。仅仅是"幸福"这样简单纯粹的事情,不同的人理解起来也不一样。颜回的"一箪食一瓢饮"是清贫者的幸福；财源滚滚，生意兴隆是商人的幸福；"春种一粒粟，秋收万颗子"是农民的幸福；官运亨通，青云直上是政治家们的幸福。对于我们任何人而言，幸福始终是不容易把握，容易失去的东西，到最后，我们才会发现"知足常乐"，珍惜现在才是最大的幸福。

以他人为鉴

从前，有一个国王陷入了烦恼之中，他总是感觉自己缺点什么，他十分纳闷，为什么自己对生活还不满意呢？

有一天早上，国王决定四处走走，寻找一位幸福而知足的人。当他路过御膳房的时候意外地听到了快乐的小曲，循着声音，国王看到了一个厨子正在快乐地歌唱，脸上洋溢着幸福。国王十分奇怪，向厨子问道："你为什么如此快乐？"厨子笑着回答："陛下，我虽然只是一个厨子，但是，我一直尽我所能让我的家人快乐，我们所需的并不多，一间草房，不愁温饱。家人是我的精神支柱，他们很容易满足，哪怕我带回一件小东西，他们都会感到很快乐，所以，我也十分快乐。"

国王对此感到不解，向丞相请教，丞相回答："你只要做一件事情，他就会变得不快乐了。"国王好奇地追问："什么事情？"丞相回答道："在一个包里，放进去99枚金币，然后把这个包放在那个厨子的家门口，到时候你就会明白了。"按照丞相所说，国王命人将装了99枚金币的布包放在那个快乐的厨子家门前。回家的厨子发现了门前的布包，他好奇地将布包拿到房间里，当厨子打开布包的时候，先是惊诧，然后是一阵狂喜，他不禁大喊："金币！金币！全是金币！这么多的金币啊！"他将包里的金币倒在桌上，开始查点金币，一共是99枚。"这不可能啊，应该不是这个数。"厨子心想，又数了一遍，还是99枚，他开始纳闷了："怎么只有99枚呢？没人只会装99枚啊？还有1枚金币到哪里去了呢？会不会掉在哪里了呢？"厨子开始寻找，可是，找遍了整个房间和院子，他都没有找到那枚金币。厨子感到十分绝望，沮丧到了极点。

厨子紧皱眉头，决定自己从明天开始，加倍努力工作，争取早点挣回那枚金币，这样自己的财富就有100枚金币了。由于前一天晚上找金币太累，第二天早上，厨子起来得比平时晚，情绪也变得很差，对家里人大吼大叫，责怪他们没有及时叫醒自己，影响了自己财富目标的实现。厨子匆匆赶到御膳房，他看起来愁容满面，不再像往日那样兴高采烈，没有哼快乐的小曲，只顾埋头拼命地工作。国王悄悄观察着厨子的变化，大惑不解：得到了这么多的金币应该更快乐才是啊，为什么反而变得愁容满面了呢？

怀着满腔疑虑，国王向丞相询问，丞相回答说："陛下，这个厨子心中有怨气，虽然他自己拥有很多，但是他并不会满足，他拼命工作，就是为了挣到那1枚金币。以前，生活对于他来说是多么快乐和满足的事情，但是，现在却突然出现了100枚金币的可能性，一切幸福都被打破了，他竭力去追求那个并没有实质意义的'1',不惜以失去快乐为代价。"

❯❯ 明白我得失

那些懂得珍惜的人,他们视万物皆为恩赐,只有当心中充满了感恩与珍惜的时候,这个世界才会变得美好。无论什么时候,我们都要学会珍惜,以平常心看待功名利禄,以平静心观赏云起云落,宠辱不惊,那我们就是最幸福的人。懂得珍惜,就会赢得幸福。

学会了珍惜,我们就可以每天都呼吸到幸福的氧气,心中的怨气便会消失得无影无踪。珍惜是一种感恩,面对充满着烦恼与琐事的生活,尝试着通过思想或行动,表达出自己的感恩之情,同时,学会珍惜上天赐予自己的、人们给予自己的和自己所经历的。如果能长存珍惜之情,那我们的人生之旅就是充满快乐与幸福的。

别用他人的错误惩罚自己

生气是拿别人的错误惩罚自己,单就生气本身而言,对我们的身体也会带来诸多不利。美国心理学家埃尔马进行了一个简单的实验:把一只玻璃管插在盛有水的容器里,然后让实验者把气吐到水里,以此收集人们在不同情绪状态下的"气"水。通过实验发现:一个心平气和的人吐出来的气进入水中,水澄清透明，一点杂色都没有；一个有点生气的人吐出的气进入水中后，水会变成乳白色，而且，水底还有沉淀；一个怒发冲冠的人吐出的气进入水中，水会变成紫色，水底有沉淀。埃尔马将那一些紫色的"气"水抽出部分注射在小白鼠身上，没想到只过了几分钟，小白鼠就死了。对此，他得出了这样一个结论：一个人在生气时，体内会分泌出许多带有毒素的物质。现在，我们应该相信，生气确实是拿别人的错误惩罚自己。所以，在生活中，不要生气，即便错在别人，自己也不要生气，我们应该学会放下内心的愤怒与仇恨。

》以他人为鉴

白隐是一位修行高深的禅师，不管面对他人的何种评价，他总是淡淡地说一句："就是这样的吗？"

在白隐禅师居住的寺庙旁边，住着一对夫妇，他们有一个漂亮的女儿。有一段时间，夫妇俩发现自己女儿的肚子无缘无故大了起来，像这种见不得人的事情，怎么会发生在自己家里呢？夫妇俩十分生气，他们严厉逼问自己的女儿："到底是谁的孩子？"女儿在父母的再三追问之下，终于吞吞吐吐地说出了"白隐"两个字。夫妇俩听了，马上怒不可遏地去找白隐理论，白隐大师听了，不说话，既不为自己辩护，也不生气，只是心平气和地说："就是这样的吗？"于是，那个孩子生下来后，夫妇俩就将孩子抱给了白隐，这时白隐禅师已经名誉扫地，但是白隐并不生气，他的内心就像平静的湖面，激不起半点浪花。

每天，白隐都会细心照料那个孩子，有时候，他向邻居乞求婴儿所需要的奶水和其他生活用品，都会遭到邻居的白眼，甚至是冷嘲热讽，但是，白隐大师依然处之泰然，仿佛自己是在抚养别人的孩子一样。

一年过去了，夫妇俩的女儿还没有结婚，她终于不忍心再欺骗下去了。有一天，她向父母吐露了实情：白隐不是孩子的父亲，孩子的生父其实是另外一位青年。夫妇俩立即将女儿带到白隐那里，向他道歉，请他原谅并将孩子带回家。白隐依然平静如水，在交回孩子的时候，他轻声说道："就是这样的吗？"仿佛什么都不曾发生过一样，即使有，也像那波光盈盈的水面，微风吹过，又回归了平静。

在整个过程中，白隐大师没有生气，他知道自己没有必要生气，因为错不在自己。即使因为别人误解而使自己受到了无端的指责，这也并不是自己的错，自己只需要等待，等待那个可以证明自己清白的机会到来。所以，白隐大师只是做好自己应该做的事情，至于生气，他恐怕早已经忘记了。

有一天，佛陀在竹林休息的时候，突然，有一个婆罗门闯了进来，由于同族的人都出家到佛陀这边来了，这位婆罗门对此感到很生气。见到了佛陀，婆罗门就开始指责，佛陀并没有说话，等到他将心中怒气发泄完以后，安静了下来，佛陀才说："婆罗门啊，在你家偶尔也会有访客吧！"婆罗门感到很奇怪："当然有，你何必这样问？"佛陀笑了，说道："婆罗门啊，那个时候，你也会款待客人吧。"婆罗门点点头道："那是当然了。"佛陀继续说道："婆罗门啊，假如那个时候，访客不接受你的款待，那么，这些菜肴应该归于谁呢？"婆罗门想也不想，就回答说："要是他不吃的话，那些菜肴只好再归于我！"

佛陀看着他，又说道："婆罗门啊，你今天在我的面前说了这么多坏话，但是，我并不接受它，所以，你的无理谩骂，还是要归于你的！婆罗门，如果我被谩骂，反过来也恶语相向，就犹如主客一起用餐一样，因此，我不接受你的菜肴。"然后，佛陀说了这样几句话："对愤怒的人，以愤怒还击，是一件不应该的事情。对愤怒的人，不以愤怒还击，将可以得到两个胜利：知道他人的愤怒，而又自己镇静的人，不但能胜于自己，也能胜于他人。"婆罗门接受了这番教诲，并拜入佛陀门下，后来，成为了阿罗汉。

明自我得失

佛陀的话昭示我们：生气本身就是拿别人的错误惩罚自己，与其耗费自己的时间和精力，不如学会释然。

境由心造，我们所面对的是一个多变的世界，可能我们改变不了环境，但是我们却可以改变自己；可能我们改变不了事实，但是我们可以改变自己的态度。正所谓"大肚能容容天下难容之事；开口便笑笑世间可笑之人"，人生百态，是是非非，没有必要将时间浪费在"生气"这件事上，更不要拿别人的错误惩罚自己。

心存感恩，就会少一分怨气

一位喜欢抱怨的女孩走进了心理咨询室，她刚坐下，就向心理医生抱怨："我十分痛苦，因为我发现，最亲密的人也不能包容我的脆弱。"心理医生好奇地询问："比如在什么地方，他不会包容你？"女孩满脸苦恼："我向他袒露自己的痛苦，他却一点都不理解，反而指责我，这令我非常痛苦。这样的爱情有什么意义呢？我真想分手。"心理医生继续问道："你男友说了什么话，最让你印象深刻？"女孩子想了想，说道："他说受不了我的抱怨，说我总是看到事情消极的一面，却对积极的一面视而不见。"心理医生问道："那你知道自己为什么喜欢抱怨吗？"女孩迟疑了一会儿，含糊地说："因为我有个爱抱怨的妈妈。"

心理医生对女孩说："那男友对你的抱怨的看法，像不像你对妈妈的抱怨的看法？"女孩点点头说道："是的，从小到大，我饱受妈妈抱怨的折磨，但是没有想到，我也像妈妈一样，成为了一个喜欢抱怨的人。"心理医生安慰道："那你再多说说对妈妈的抱怨的理解和感受吧。"女孩回答说："第一感觉就是烦，然后就想逃跑。小时候，我一听到妈妈的抱怨，就想努力去改变，希望能够消除妈妈抱怨的根源，但是，即使事情有所改变，妈妈还是会抱怨。那时候，妈妈总是抱怨爸爸不给钱，但是，后来我发现，妈妈似乎从来不主动找爸爸要钱。当时我实在难以理解，妈妈抱怨所追求的到底是什么，似乎只是在追求抱怨似的。"心理医生点点头说道："你妈妈已经深陷抱怨的'毒'中，而你现在的状况也很危险，再这样抱怨下去，抱怨会成为你的一种习惯，并不断地伤害那些跟你关系亲密的人。"女孩内心充满了忧虑，却不知道该怎么办。心理医生向女孩建议："正如你男友所说，试着去看事情积极的一面，怀着一颗感恩的心，这样你就会慢慢改掉抱怨的坏习惯。"

有人说："抱怨就好比口臭，当它从别人的嘴里吐露时，我们就会注意到；但从自己的口中发出时，我们却毫无察觉。"在某些时候，当我们听到身边的人不停地抱怨，可能我们会觉得这样的行为很愚蠢、很可笑，但你是否发现自己也会犯同样的毛病呢？你是否也有抱怨的习惯呢？

▶ 以他人为鉴

小恩是快餐店里的一名普通员工，他每天的工作简单又枯燥，需要不停地做许多相同的汉堡，虽然这份工作看起来没有什么新意，但是，小恩却感觉到十分快乐。无论面对多么挑剔或尖酸刻薄的顾客，小恩从来都报以满怀善意的微笑，这么多年来一直如此。小恩那发自内心的真挚快乐，感染了许多人，同事有时候会忍不住问他："为什么你会对这种毫无变化的工作感到快乐？到底是什么让你对这份工作充满了热情呢？"小恩回答道："每当我做好了一个汉堡，就想到一定会有人因为汉堡的美味而感到快乐，这样我也就感到了自己工作带来的成功，这是一件多么美好的事情，因此，每天我都感谢上天给了我一份这么好的工作。"

或许，正是由于小恩感恩的心理，使得那家快餐店的生意越来越好，名气也越来越大，最后，小恩的名字传到了老板的耳朵里。没过多久，小恩就荣升为快餐店的店长，对此，他更感激自己能拥有这份令人快乐的工作了。

》明自我得失

感恩和抱怨就好像一对性格互异的孪生兄弟，感恩象征着美好，而抱怨则意味着堕落。当我们陷入抱怨的泥潭难以自拔的时候，我们会觉得整个世界都是黑暗的，好像身边没有任何一件事情令人满意，这样想来，我们心中好像装满了火药，随时有可能爆炸，于是便总是斗气。感恩是完全不一样的感觉，因为感恩，我们懂得珍惜，懂得把握生活，更懂得生活中幸福的点点滴滴，即便是最平凡的日子，我们也能从中品尝到幸福的味道。

宽容他人，也是放过自己

美国心理学家克里斯托弗·皮特森说："宽恕与快乐紧紧相连，宽恕是所有美德之中的王后，也是最难拥有的。"宽容，就好像荆棘丛中开出来的美丽花朵，你对别人宽容，其实就是给自己留下一片天空；宽容了别人，也治愈了自己。生活中，那些内心充满仇恨和愤怒的人，源于其心理问题，心态比较消极，心胸不够宽阔，一旦他人侵犯了自己，就争执不休，势必要追回属于自己的利益。这种人的心理是需要治疗的，他们需要学会放下仇恨，放下心中的愤怒，让自己的心胸变得宽广起来，这样才会收获更多的东西。人生就是这样，当那些心怀仇恨的人固执地想要得到的时候，结果往往是更快地失去。但对于那些懂得宽容的人而言，他们在宽容别人的同时，却收获了一些意想不到的东西。所以，学会宽容，不仅放过了他人，而且也治愈了内心的偏执。

》以他人为鉴

在一次战斗过后，只剩下两名战士，他们与大部队失去了联系。有缘的是，这两人来自同一个小镇，而且还是一对好朋友，他们在森林中艰难跋涉，互相安慰。可是，十多天过去了，他们仍然没有与部队联系上。有一天，他们打死了一只鹿，靠着鹿肉艰难地度过了几天。在之后的几天里，他们再也没看到任何动物，只剩下一点鹿肉，还得继续前行。

这一天，两名战士在森林中与敌人相遇，经过一场激战，两人巧妙地避开了敌人。就在他们脱离了危险的时候，枪声却响了。走在前面那个年轻战士中了一枪，幸运的是伤在了肩膀上。后面的那位士兵惶恐不安地跑过来，他害怕得语无伦次，抱着年轻战士的身体泪流不止，赶快撕下自己的衬衣将战友的伤口包扎好。那天晚上，没有受伤的战士一直念叨着母亲的名字，他们都认为自己熬不过这一关了，尽管他们十分饥饿，但谁也没有动那仅存的鹿肉。不过，幸运的是，第二天部队救了他们。

这是一个发生在"二战"时期的故事，30年过去了，那位曾受伤的战士坦言："我知道是谁开的那一枪，那就是我的战友。在他抱住我时，我感觉到他的枪管是热的，令我感到疑惑的是，他为什么对我开枪？但是，当天晚上我就原谅了他，我知道他想独吞那点鹿肉，我知道他想为了母亲而活下来。于是，我假装根本不知道这件事儿，也从来不提起这件事儿。战争还没有结束，他的母亲就去世了，我们一起祭奠了她。在那一天，战友跪下来，请求我原谅他，我没有让他继续说下去，我们继续做了几十年的朋友，我宽恕了他。"

》明白我得失

其实，宽恕别人就是宽恕自己。一个人的心里如果总是充满着愤怒，那么，他是没有办法去宽恕他人的错误的。在任何时候，当我们宽恕别人，我们也治愈了自己内心的偏执、狭隘、自私，我们会从中学到更多的东西，更懂得珍惜生活的点滴快乐。

夜晚，在一家餐厅，老人的手机不见了，他身体微微颤抖了一下，然后立即平静了下来，看了看四周。这时候，老人发现站在门口的年轻人正在伸手拉门，他似乎明白了什么，他马上站起来，走向门口的年轻人，说道："小伙子，你等一下。"

年轻人一愣，问道："怎么了？"老人恳切地说道："是这样的，昨天是我 70 岁的生日，我女儿送了我一部手机，虽然我不是很喜欢它，可是那毕竟是我女儿的一片孝心，刚才我把它放在了桌子上，现在发现它不见了，可能是我不小心碰到了地面上，我的眼花得厉害，弯腰对于我来说不是一件容易的事情，能不能麻烦你帮我找找？"年轻人放松了紧张的神情，他擦了擦额头上的汗水，对老人说："哦，您别着急，我来帮您找找看。"年轻人弯下腰去，沿着桌子转了一圈，又转了一圈，然后直起身把手机递了过来："老人家，您看，是不是这个？"老人紧紧握住年轻人的手，激动地说："谢谢！真是不错的小伙子，你可以走了。"

一位餐厅服务员走过来，对老人说："您本来已经确定手机就是他偷的，为什么不报警呢？"老人回答说："虽然报警同样能够找回手机，但是我在找回手机的同时，也将失去一件比手机更宝贵的东西，那就是——宽容。"

老人最后所说的话意味深长，我们当然可以通过其他的途径，用其他的方式来惩罚那些做错事情的人，但与此同时，我们也失去了一件最宝贵的东西——宽容。所以，我们才会说，当我们宽容了他人的同时，也治愈了自己，令自己的心境更广阔无垠。

面对他人的错误，动气未必能解决问题

萨谬尔森说："人们在交往中应多一些体谅而非责难。"在生活中，从来不犯错误的人是不存在的，每个人都难免会因疏忽而犯下错误，所谓"人有失手，马有失蹄"，更何况我们所面对的还是一个变幻莫测的世界呢。因此，我们应该允许他人犯错，当对方犯了错的时候，应该少责骂多教导。责骂，只是变相地强调对方的过错，这样会给犯错者带来很大的伤害；反之，教导会令一个人醒悟和进步，他会意识到自己的错误，并下定决心努力改正。在生活中，也有不少习惯于"责罚"别人的人，他们总是以审判者自居，似乎自己就是某种权威的象征，一旦别人犯了一点错误，他就紧抓着不放，习惯于指责对方，甚至会采用一些过激的方式对其进行责罚。他们自以为通过这样的方式可以使对方得到教训，改正错误，殊不知他们的责骂只会让犯错者继续犯错，而唯有教导才可以令犯错者知错能改。

》以他人为鉴

王先生在午休的时候有个特别的习惯，就是外出散步，或许每次他都认为自己走得并不远，因此，即使他一个人在家里，他也不会锁门。这天中午，王先生像往常一样外出散步回来，突然，他听到卧室传来轻微的响声，王先生摇了摇头，家里怎么会有别人呢？这时，小提琴的声音响起来了，而且，声音越来

越大，王先生脑中冒出个念头，难道是有小偷？他慢慢走进了卧室，果然看见一个衣衫褴褛的少年正在抚摸自己珍藏的小提琴。那小提琴对于王先生来说非常珍贵，就好似自己的生命一般，一向性格温和的王先生沉下脸，他觉得这个少年一定是小偷，于是，王先生站在了门口，用身体挡住了孩子的去路。这时，王先生看见少年眼里满是胆怯和绝望，那种眼神十分熟悉，不禁让王先生想起了自己的童年。那一瞬间，王先生脸上慢慢浮现出笑容，他决定宽恕这个孩子。

王先生笑着说："你也是来找王先生的吗？我猜你一定是他的学生吧，而且看你小提琴拉得不错哦。"少年愣了一下，警惕地问道："那你是谁？"王先生回答说："我？我是王先生的朋友，本来打算邀请王先生一起散步，没想到他已经走了，真是扫兴啊！"说完，他的目光移到了小提琴上，好奇地问道："这是你的小提琴吧，真漂亮，王先生曾经也有一把跟这样子差不多的小提琴，听说他赠送给了一个学生，希望这个学生跟你一样，是一个聪明好学的孩子。"少年迟疑了一会，点点头，说道："既然王先生不在家，那我先告辞了。"说完，少年小心翼翼地将小提琴拿走了。

三年过去了，在一次音乐大赛中，王先生被邀请担任决赛评委，最后，一位名叫科奇的男孩夺得了第一名。在评分时，王先生觉得自己好像在哪里见过他，但一时又想不起来。这时，科奇拿着一只小提琴匣子来到了王先生面前，他涨红了脸,说道:"王先生,您还认识我吗?"王先生一片茫然,科奇眼里似乎有泪:"您曾送我一把小提琴,我一直珍藏着,直到今天!三年前,我无意中走进了您家里,被您发现了,可是,好心的您并没有责怪我,反而说自己是王先生的好朋友……"科奇打开了琴匣,王先生一眼就认出了自己那把心爱的小提琴,他笑了,因为这位少年并没有让自己失望。

王先生的宽容让少年重新拾起了自尊,同时也挽救了一个迷途少年的灵魂。如果时间能倒流,王先生选择怒骂、责罚的方式来对待少年,那么,世界上可能就少了一位优秀的小提琴家了。三年过去了,科奇对王先生的宽容依旧难以忘怀,因为那份宽容带给他的触动,让他对王先生充满了敬仰之情。

》明自我得失

当你战胜了嗔恨的心魔,生命会因此更自主、自在与自由,原谅了别人,我们才是真正的强者。那些怒骂、责罚他人的人并不是真正的强者,他人的错误需要我们的指正,而我们的心魔则需要我们自省,克制内心愤怒情绪所带来的不良言行,战胜自己。怒骂与责罚他人并不会消减我们内心的不愉快,反而使那种恶劣的情绪有加剧之势,同时还增加了一个情绪不满者,就是那个被自己怒骂、责罚的人。所以,克制自己的心魔,以教育的方式引导那些犯错者改正错误,在正确的道路上前行,做一位合格的引导师吧!

以德报怨，化解心中怒气

以德报怨是一种宽容的心态，维克多·雨果曾说："最高贵的复仇是宽容。"宽容，会让我们忘记心中的仇恨，不再愤怒，甚至会以一种平静的心态面对事情的发展。生活中，能够以德报怨的人并不多，人们大多是以怨报怨，对于别人的苛责或非难，他们从来不会忍受，心中的怒火很容易就被燃起，在激烈的情绪下，他们会采用恶语相向，以牙还牙的方式进行报复，结果弄得两败俱伤。最终导致这样的结果又何必呢？俗话说："冤冤相报何时了。"如果我们心眼小得容不下别人无意之中造成的伤害，无法忍受自己遭受一点点的责备，那斗气就会成为我们的习惯。人生短短几十年，何必非要跟自己过不去呢？学会宽容，以自己的仁厚去包容他人的过错，这样我们才能拓宽人生的境界，同时，还能化解心中的怒气。

》以他人为鉴

有一天，迈克尔在路上走着，他边走边把竹条缠绕在自己的身上玩，谁料一不小心，迈克尔的竹条一端就脱了手。当时，迈克尔站在木桥边，正对着一家农户的大门，一位农民的儿子在那里放了一罐水，准备挑回家。不巧的是，迈克尔的竹条反弹回来把水罐打翻了，不过，装水的罐子并没有破碎。发现自己闯祸了，迈克尔急忙赔礼道歉，可是，农民的儿子却跑过来就开骂，一点也不理会迈克尔的解释。令迈克尔没想到的是，对方竟然一把抓住了自己的竹条，并将那只竹条扭折了。

这竹条可是父亲送给自己的，如今却扭成了这个样子，迈克尔十分生气，回家的路上，他不停地咕哝："我一定要报复他，我要让他从心底感到后悔。"正在花园里散步的父亲听见了他的话，好奇地问："你要让谁从心底里后悔呀？"迈克尔向父亲说了事情的经过，父亲笑着说："他的确是一个坏孩子，但是他已经受到了惩罚，他没有朋友，也没有娱乐，这就是对他的惩罚。"迈克尔却执意说："那竹条可是你送给我的礼物，那么漂亮的竹条，我只是无意打翻了他的罐子，我一定要报复他。"父亲抚摸着迈克尔的头，温和地说："迈克尔，我知道你是一个好孩子，做任何事情都应该思考清楚，我向你承诺，我可以再送你更漂亮的竹条。其实，你执意要报复，并且认为那才是对他最好的惩罚，这只不过是你现在的想法，以后你肯定会后悔，会从心底里后悔。"迈克尔陷入了沉思，他暂时放弃了报复的念头。

几天过去了，迈克尔已经忘记了这件事情，又遇到了那位农民的儿子。这一次，他正挑着一担重重的木柴朝家里走去，却不小心摔倒在地，爬也爬不起来。迈克尔看见了，急忙跑过去帮他捡起了木柴，这时那位农民的儿子感到很惭愧，并为他之前的行为感到后悔，甚至在迈克尔离去的时候，他还小声说了一句："那天，对不起！"而迈克尔则高高兴兴地回家了，他想："或许这才是最好的行为，以德报怨，我不会后悔的，如果当初不是父亲提醒我,可能我现在正在忏悔呢。"

本来,自己已经道歉了,但竹条还是被农民的儿子给折断了,小迈克尔很气愤,他发誓一定要报复那个不知天高地厚的小子。但就在芬芳四溢的花园,迈克尔听从了父亲的教诲,决定放下心中的愤怒和仇恨,以宽容的胸怀对待对方。果然,当迈克尔学会宽容以后,以德报怨的作用就发挥了,那位看上去蛮横的家伙竟然不好意思地说了一句:"那天,对不起!"如此看来,以德报怨,确实是化解一切怒气的法宝,不仅能化解自己内心的愤怒,而且还融化了对方那颗冰冷的心。

》明白我得失

以德报怨受益最大的却是我们自己。以德报怨所体现的宽容大度和涵养,是一种积极的生活态度和高尚的道德观念的表现。虽然,对方做了一些侵犯我们,或对不起我们的事情,但我们若是可以给予对方一个宽容的拥抱,那所换来的将是皆大欢喜的结局。斗气,害人害己;以德报怨,化解彼此心中的怒气。如果你是一个渴望幸福的人,那么你一定会选择后者,因为以德报怨可以令你收获甘甜的幸福。

第05章
不和上司斗气，了解领导理念，缔造锦绣前程

一个人来到一个企业，很重要的一件事情就是要学会和周围的人相处，而这期间，建立并保持良好的上下级关系，对自己以后的成长是非常有利的。那些在职场如鱼得水的人，往往都不会意气用事、违逆领导的意思，他们懂得揣摩领导的心思，随时为领导鞍前马后，维护其面子，表达忠心，说"顺耳"的忠言。而如果你也深谙与领导相处之术，你就已经是一个职场交际老手了，这样你自然能获得领导的接纳和支持，从而顺利推展工作！

领导越是急躁，你越要稳住

身为下属，在领导手下工作，难免要看领导的脸色行事，一旦赶上领导工作忙、气不顺，即便是微小的差错，保不齐也会招来一顿狠批。明明是新来的年轻人犯了错误，领导却把脾气发到老员工身上，看到领导阴沉着脸，其他员工也都战战兢兢，大气也不敢出……有些下属是天生的性情派，凡事凭自己的兴致行事，甚至与领导对着干，这无非是硬碰硬，得罪了领导也影响了职场前途。面对领导的"灰色情绪"，下属应该如何应对呢？

要把握这一点，首先要从领导与下属的关系说起。其实，领导与下属的关系就好比一个大家庭中的长辈与晚辈之间的关系，如果长辈遇到不顺心的事，那么在这个节骨眼上如果我们再犯错的话，就等于撞在了刀口上，结果肯定是被家长抓过来教训一顿。

❯❯ 以他人为鉴

文秘专业的菲菲毕业后在一家小型公司担任经理秘书一职，身为秘书，本身应该工作清闲，但菲菲却不是，因为这家公司小，所以公司很多杂事都被菲菲一手包办了。菲菲努力地工作着，可能是性格的关系，她和经理的相处一直也是不温不火，但战争还是爆发了。

那天菲菲在办公室整理这个月财务部送上来的报表，第二天经理开会时需要这份文件。此时，经理满脸不高兴地走了进来，问她："小王呢？"那些报表大部分都是一些数字，需要认真、专心地整理，一听到有人打扰，菲菲也就火不打一处来，头也没抬丢了句："不知道。"

领导一听这话，这菲菲怎么不把自己当回事儿啊，他拉长声音说："不知道？那你知道什么？在一个办公室对面坐着，他人不在，你不知道他去了哪里？"这一下，菲菲更火了，心想自己那么卖力工作，难道不是为了公司？一来就问小王，虽然我们对面坐着，但是对方也不会去哪里都向我报告吧。

菲菲心里是如此想的，但是却没有如此对领导说，只是生着闷气说："我只有两只眼睛，都在做统计，没有一只眼睛在看小王。如果你找他，就打他手机吧！"领导听了，火更大了，果真打起小王的手机，倒霉的是小王的手机也关机了！那天下午经理简直暴跳如雷！对于菲菲卖力的工作，他压根就没有看见，还时不时地丢一句批评的话。

事实上，小王已经跳槽了，带走了公司很多资料。于是，每次开会，上司抓不住小王做典型，就拿菲菲做范例，说她如何只顾做自己的工作，不关心公司的总体情况等。

087

菲菲很后悔，当时也不会忍，脑子一热就和上司吵了起来。

其实，案例中员工小王的跳槽，也并不是秘书菲菲的错，毕竟每个员工的职责不一样，都有自己的工作，不可能二十四小时都盯着周围的同事。但作为下属，菲菲的确有失职之处，当领导问及此事时，即使自己没错，也不能出口狡辩和顶撞，这只会火上浇油，给领导的印象也就更恶劣。相反，如果她换一种方式和领导说话，比如态度谦卑一点，语气和缓一点，告诉领导："实在不好意思，因为一直在忙统计报表的事儿，没注意到，这是我的失职，很感谢您的提醒，我以后一定会注意的。"恐怕也不会有后来的结果。

》明白我得失

的确，领导不是神，也会有情绪，在工作中也会出现有失偏颇的时候，当他心情不好时，很可能会对你发脾气或者误解你，你都不必与上司争论，而应该加以理解，先虚心接受其批评，事后，也不要为了这点小事找领导纠缠不休。

其实，无论上司对你的批评是否是正确的，你都要调整好心态，并学会"利用"上司的批评，他对你错误的批评，只要你处理得当，有时会变成有利因素。但是，如果你不服气、发牢骚，那么，这种做法产生的负效应将会让你和上司的感情距离拉大，关系恶化。

当然，如果上司在公开场合对你提出了错误的、不公正的批评，你一方面可以把解释的机会放到私下，另一方面，也可以用行动证明自己，但切不可当面顶撞，这是最不明智的做法。既然你都觉得自己在众人面前下不来台，那爱面子的上司呢？如果你能虚心接受批评，给足他面子，那么，起码能说明你大气、大度、理智、成熟。只要这上司不是存心找你的茬，冷静下来他一定会反思，你的表现一定会给他留下深刻的印象，他的心里一定会有歉疚感。

理解领导"摆架子"，不要看不惯

中国人素来讲究尊卑有分、长幼有序，现代社会，领导与下属之间虽然不存在尊卑问题，但我们发现，做领导的似乎总是喜欢"摆架子"，这一点，可能令作为下属的你很是看不惯，你会向其他同事表达你的不满，在领导面前你也摆出了更大的谱儿来。而实际上，这样做，是对领导行为的不理解，更是让自己和领导为敌，要知道，和领导作对，是无法立足于职场的。

而实际上，"摆架子"是领导身份的象征，所谓"摆架子"，就是与群众和下属保持一定距离，领导"摆架子"，是一种区别于一般人、显示自己身份的需要。作为下属的你不必为此心里不平衡，甚至看不惯，相反，你应学会拿捏准这份"距离感"，不要刺破领导的光环，这才是你的聪明！

》以他人为鉴

昔日小李的同事兼哥们儿岑峰升职当了销售部经理，这天，小李和老王参加完岑峰的庆功会后，两人一起相邀回家，路上，小李对老王说："王哥，你发现没，岑峰这小子还没上任呢，就变化这么大！"

"哪里变化了？"老王不解地问。

"架子大呗，你看，今晚和我们喝酒，那架势，就跟自己当了多少年的领导似的，真看不惯，要是真坐上了经理的位子，日后还指不定怎么趾高气昂呢！"小李不满地说。

"是吗？那要是你，难不成还和之前一样，与下属打成一片，一点领导样子都没有吗？这日后还怎么安排工作？"

听完老王的话，小李不知如何回答，只好低头走路。

的确，老王的话是对的。岑峰是做领导的，掌握了一定的权力，自然要有一定的权威和威严。

》明自我得失

有许多下属觉得领导"架子"大，不好接触，而不去接触。其实，领导的"架子"只是下属心中的一种感觉，对领导的架子和脾气过分地敏感，根源在于你内心的自卑感。领导也是人，只要你抱着和领导平等的心态，你和领导相处也就会更容易些。

领导"摆架子"绝非是一个简单的问题，它还包含着相当多的领导艺术和奥妙，更有着心理学上的微妙含义。作为下属，如果正确地理解了领导需要"架子"、爱摆"架子"的原因，就能解开人生一系列的疑惑和谜团。

那么，领导为什么会"摆架子"呢？

- **"架子"会给领导带来神秘感**

许多领导很喜欢通过"摆架子"，从而使自己显得比较神秘。因为领导处于各种利益、各种矛盾的焦点，他若想实现自己的目的，就必须懂得掩藏自己，使自己的心机不被窥破。可见，领导的"架子"不仅仅是为了炫耀，还是一种因为害怕被下属看穿而采取的防范性措施。做领导实在是太累了。

- **"架子"有助于领导处理各种事务**

"架子"的实质就是一种距离感，在不同的场合、时间，对不同的人行使不同的"架子"就会形成不同的人际距离。领导可根据自己的需要来调节这种距离，从而把不同人的积极性和进取心调动起来，为实现自己的目的服务。相反，若没有层次感或过于随和、友善，是"仁有余，力不足"，不能达到这样的效果，不利于领导处理棘手的问题。

- **"架子"会使领导产生满足感**

对中国人而言，通过获取权力来实现自己的人生和社会价值一向是一个十分重要的衡量标准。领导也需要人生价值得以实现的满足感，于是有些时候会沾沾自喜或洋洋得意，不自觉地表现出某种"架子"。

总之，"架子"的实质就是一种距离感。领导需要利用它来显示自己的权威，增加自己的神秘感，使自己显得更有魅力，并利用它来调节人际关系和处理事务。不要苛求领导，而要从环境和人性的角度去分析他、理解他、接受他，并想办法去适应他。

作为一名下属，你的职位升迁权就握在上司、领导手里，不管你信还是不信，事实就明摆在那儿。你一定要知道领导也是人，他具有人的一切属性，他更需要下属的抬举与尊重，希望你不要犯傻、意气用事，动不动就去碰一碰他的底线，以不吃领导那一套为荣！

及时汇报工作，让领导更信任你

一个人来到一个企业，很重要的一件事情就是要学会和领导相处，建立并保持良好的上下级关系，从而对自己以后的成长更加有利。而作为下属，免不了要和上司在工作上有往来，也就难免要向领导汇报工作，一个成功的职场人士也必然是一个善于汇报工作的人，因为在汇报工作的过程中，他能得到领导对他及时的指导，从而更快地成长，同时在汇报工作的过程中，他能够与主管上司建立起牢固的信任关系。可见，我们要想赢得上司的信任，就必须掌握领导的心理，学会巧妙地汇报工作，把话说到上司心坎上，令上司满意我们的表现。

》以他人为鉴

小王是某外贸公司分公司的一名主管，他在公司工作已经整整七年了，可以说是老人儿了，上级领导对他都信任有加。

一天，公司老总来分公司考察并开会，会上，老总直接对分公司经理说："你现在好像一天都很忙啊，好像都不汇报工作了。"小王听完，心里一惊，自己不也是好久没有对经理汇报工作了吗？他想，这段时间，工作是很忙，但是也没有忙到没有时间去向上司汇报工作情况的程度，怪不得总经理这些天好像对自己有意见似的。如果每天或者每两天抽出一个小时的时间走进上司的办公室，向他汇报自己的工作，可能就不会是这样的情况了！

想到这里，小王立即安排秘书为自己做详细的工作记录，第二天他走进上司的办公室，对老总说："总经理，这是我近来的工作进度，请您审查。"上司露出微笑："有进步啊！"小王也报以微笑。

从案例中，我们发现，在与领导沟通时，主动的态度十分重要。主动汇报工作，与领导及时交流，不仅能及时更正错误或不当的工作方法，还能让领导放心。而实际上，很多下属往往慑于周围人际环境的压力，唯恐领导责备自己，害怕见到领导。不主动汇报工作，也失去了展示才华的机会，更重要的是会失去了上司的信任。

明自我得失

但我们需要注意的是，我们的工作汇报一定要因人而异，对于不同的领导，汇报的详尽程度是不同的：对那些只重结果的上司，只强调工作成果，切忌喋喋不休地详述过程；而对那些看操作细节的领导，你最好事无巨细都报告清楚。

那么，我们应该怎样汇报工作呢？

- 主动汇报

作为上司，都有这样的心理：即使再忙，都希望能掌握每个下属的工作动态。因此，如果我们能主动汇报工作的话，那么便是给上司吃了颗定心丸，上司自然也会满意我们的表现。

- 表达服从

古往今来，上下级之间，下级服从上级，这是天经地义的事，虽然也有很多下级冲撞上级，但他们都为此付出了代价，当今职场，这一规则更是不可动摇。在汇报工作的时候，这一点更是我们应该注意的。也就是说，汇报工作，我们要尽量把焦点放在"汇报"上，而不能越权，更不能说越位的话。

- 条理要清晰

给领导汇报前不妨先打好腹稿甚至是文字汇报稿，一、二、三、四、五，言简意赅，层次分明，用最精练的语言，准确地表达自己的汇报意图。

- 汇报要有重点

给领导汇报工作时，有时是一件事，有时是两件事甚至几件事，但对每件事都应考虑周全，突出重点，千万不可重复表达，啰唆冗长，力求做到重点突出，这样既节约了领导的时间，又体现了自己对工作的熟悉程度、对问题的把握能力以及语言表达能力，同时又提高了工作效率。

- 多提解决的方法

汇报工作最重要的是提出解决问题的方案而不是简单地提出问题。要记住，汇报问题的实质是求得领导对你的方案的批准，而不是问你的上司如何解决这个问题，否则事事都由上司拿主意，要下属还有什么意义呢？我们去找领导汇报工作时要预备多套方案，并将它们的利弊了然于胸，必要时向领导阐述明白，并提出自己的主张，然后争取领导批准你的主张，这是汇报的最标准版本。假如你进行的总是这样的汇报，相信你离获得晋升已经不远了。

- 关键处请示领导

聪明的下属善于在关键处多向领导请示，征求他的意见和看法，把领导的意志融入各项事情中。关键处多请示是下属主动争取领导好感的好办法，也是下属做好工作的重要保证。

无论何时，都要维护领导的面子

身处职场，我们免不了要与周围的同事和领导相处，学会为人处世以及说话都很重要。那些能在职场如鱼得水的人，往往都不会意气用事，口无遮拦，尤其与领导相处时，他们更是懂得揣摩领导的心思，随时为领导鞍前马后。因为他们深知，一个领导是比下属更在乎面子的，因此，我们要切记：无论何时，都要维护领导的面子。

》以他人为鉴

唐朝时，唐太宗常常对魏征当面指责他的过错感到生气。一次，唐太宗宴请群臣时酒后吐真言，他对长孙无忌说："魏征以前在李建成手下做事，尽心尽力，当时确实可恶，我不计前嫌地提拔任用他直到今日，可以说无愧于古人。魏征每次劝谏，当不赞成我的意见时，我说话他就默然不应，他这样做未免太没礼貌了吧？"长孙无忌劝道："臣子认为事不可行，才进行劝谏，如果不赞成而附和，恐怕给陛下造成其事可行的假象。"太宗不以为然地说："他可以当时随声附和一下，然后再找机会陈说劝谏，这样做，君臣双方不就都有面子了吗？"

唐太宗的这番话流露出作为领导对尊严、面子和虚荣看得十分重要这一客观事实，他是一代明君，最能听进去劝谏之言，尚且都有这样的想法，更何况作为常人的领导呢？所以，在工作中，当领导有失误需要我们指出时，一定要顾全领导的面子。

当然，我们除了要在说话、办事时顾及领导的面子，还需要帮领导留住面子。其实，作为领导，也和我们一样都要面临各种人际关系。你的领导在处理各种人际关系的时候，也会因经验或能力的不足而面临尴尬的局面，或与客户争吵，或被他的上司批评，或被同级嘲笑……面对各种压力，他们也有控制不住局面需要人帮助的时候。但是在自己的下属面前，他们又要保持一定的尊严，所以他们很少主动开口要求下属给自己提供帮助。因此，作为下属的我们，遇到这种情况，应该自觉地帮领导寻找一个台阶，帮领导"打圆场"，尽快让领导摆脱难堪的局面。这样，我们的领导一定会心存感激，与领导站在了同一条战线上，我们也就成了领导的心腹。相反，如果领导遇到困境而你视若无睹，一副事不关己的样子，那么他自然会找借口发泄对你的怨气。

秦海是个聪明的小伙子，他在办公室人缘不错，领导也喜欢他。这主要是因为他有一张特别会说的嘴。

有一次中午休息时，办公室的同事们不知怎么就谈起了"存在方式"的话题，聊得不亦乐乎。而在办公室的主管也很想参与下属们的讨论，但却因为怕其他人说闲话，而不敢加入。于是，他只好借故去饮水机接水，听听下属们聊的是什么。这时，他听得入神，一不小心打破了一个茶杯，"咣"的一声，办公室一下子安静了下来。主管顿时很尴尬，不知道说什么好。这时候，秦海只是耸了耸肩，说："这个茶杯想改变自己的存在方式。"大家便都轻松欢快地笑了起来。主管也松了口气。于是，秦海就这个问题问主管："主管，我们也想听听您关于'存在方式'的观点呢。"

这下正中了主管的下怀，他向秦海投去了感谢的目光。于是，整个办公室就"存在方式"这一话题，上下级之间热火朝天地聊了起来。

自打那次以后，主管与秦海之间走动得似乎勤多了，私下里，二人居然成了好朋友。

案例中，下属秦海为什么和领导私下里成为好朋友？因为他在领导处于尴尬境地时，帮领导打了"圆场"，领导对其甚为感激，自然就视之为心腹，彼此间的关系也就更深一层。的确，在职场中，做事能力差不多的两个人，语言表达能力不好的那一位，升迁机会往往要比那个既会办事又会说话的人少得多。那些善于说话，并能在关键时刻懂得"为领导说话"的人，往往更得领导欢心。

❯❯ 明自我得失

诚然，作为下属，辅助领导完成工作任务是天经地义的事，但要想让工作开展得更顺利和愉快，我们还要学会和领导搞好关系，当领导陷入尴尬境地的时候，我们要帮领导寻找到台阶，不仅能让领导尽快恢复正常工作的状态，而且还能缓和气氛，最重要的是，领导会因此感激你，把你视为贴心的工作搭档。

调节心态，上司训斥你说明重视你

"人非圣贤，孰能无过"，身处职场也一样，在工作中，我们自然免不了要犯一些小错误，而作为领导，要站在公司大局利益和下属工作能力的增强等多重角度考虑问题，对待我们工作的失误，自然是要提出一些批评，有些领导，甚至会训斥我们。批评甚至训斥，都是对我们的一种否定，我们心里自然会不痛快。这是人之常情，但我们不要因为被领导批评就产生抵触情绪，认为领导是故意刁难而顶撞领导，甚至对领导怀恨在心，这样，就把领导的好心当成了恶意，因为领导之所以批评甚至训斥你，是因为他们重视你，希望你能成长、进步。

》以他人为鉴

宋代大文豪苏东坡的才气是人尽皆知的，但他还有一段鲜为人知的从业经历。苏东坡可以说是"少年才俊"：22岁时就考中进士，27岁中制科三等上。朝廷为了表示对人才的器重，任命苏东坡到凤翔府作通判，上任以后，苏东坡的工作就相当于现在职场的助理，他的任务是协助他的上司陈公弼处理日常事务。

陈公弼是一个老实严谨的人，做事认真细致，对于苏东坡每次写的公文都一字不差地审阅然后批注，经常把苏东坡的文章改得面目全非，而且几次还当着众人的面批评苏东坡，让苏东坡很是难堪。这些都让自恃才高的苏东坡心里很不舒服，于是，他决定"报复"一下陈公弼，以示自己的不满。一次，凤翔府衙的花园里修了一座亭子，要求各工作人员都写一篇文章表示对亭子的看法，苏东坡就写了一篇带有讽刺意味的文章。没想到陈公弼对下属的这一做法并不介意，反而叫人把苏东坡的这篇文章刻于亭子上。其实，陈公弼对苏轼并无恶意，只是觉得苏东坡少年得志，缺少社会历练，对其以后的官场生涯会不利，因此常常设置一些困难来磨炼苏东坡。步入中年之后，苏东坡才逐渐理解了陈公弼的用意。此后，他对陈公弼非常敬重与怀念，于是决定为陈公弼立传。东坡在一生中只写了四部传记，而关于人物的只有一部，就是《陈公弼传》。

这则故事中苏东坡原本以为上司陈公弼是给自己"穿小鞋"，到后来才知道陈公弼是为了自己好，希望自己可以历练成才。

》明白我得失

其实，职场中也不乏这样的人，把领导的批评当恶意，不理解领导的苦心，和领导的关系搞得很紧张，其实，这主要还是我们不能以一个正确的心态面对领导的批评。

尽管我们不能否认，有些领导批评下属是为了一己私利，但这些情况毕竟是少数，勤勤恳恳工作的下属，领导又怎么会与之为敌呢？领导一般不会把批评、责难别人当成自己的乐趣。既然批评，尤其是训斥容易伤和气，因此他在提出批评时一般是比较谨慎的。领导批评我们，不管是什么原因，肯定是对我们的工作不满，他批评你，是因为关心你，希望你可以在他的督促下积累更多的工作经验，在他的督促下更好地表现自己，而一个领导如果对你视若无睹的话，他犯不着批评你。而如果你把批评当耳旁风，依旧我行我素，其效果也许比当面顶撞更糟。因为，你的眼里没有上司，让上司面子尽失。

俗话说"忍一时风平浪静，退一步海阔天空"，面对领导的批评，我们何不把它当成一场暴风雨呢？风暴过后自会平息，我们还要努力工作，面对新的挑战。选择审时度势、选择回避才是明智之举，当上司批评我们时，意气用事、逗口舌之快只会与领导树敌。作为一名员工，学会压制自己的情绪化冲动，理智地看待问题是至关重要的，尤其是在领导面前。

为此，面对领导的训斥，我们切不可动气，而应该做到：

● **要以良好的态度面对批评**

当领导批评你，他最看重的是态度，如果你能虚心接受，他的态度就会缓和很多，即使是领导对你有误会，也可以等双方心平气和以后，静下心来解释。

● **应适时感谢领导的批评教育**

如果上司的责骂中有你所能立刻明白的教训，最好在上司批评完后，将被指责事项逐一"复习"，并尽可能地陈述善后对策或改善方法，诚恳地请求上司给予指导。如果有机会的话，在事后也可以对上司的训示加以感谢。

总之，下属能完全接受教训、理解上司的"苦心"，且积极地谋求改善，还对教训心存感激，这对上司而言，是再高兴不过的事了。这样即使你真的做错事情，上司也会觉得你是可以原谅的。因为在这一瞬间，让上司深切地感受到他的价值，并且得到指导人的成就感和满足感。

巧妙应对爱挑刺儿的女领导

现代社会，女性早已和男性一样驰骋于职场，有些女性在工作能力上远远强于男性而成为领导者。而受"管理者男性为主"的传统思想影响，人们对女上司的要求比较苛刻，认为理想的女上司既要工作独立，表现优秀，还要容貌姣好，善解人意。而调查发现，超过一半的人认为，跟女上司相处需要花费更多的心思，需要更好的沟通技巧。的确，相对于男性来说，女性更细腻、敏感，在工作上也就更追求完美，于是，很多下属面对那些爱挑刺儿的女领导感到束手无策。

》以他人为鉴

曾经有一名网友在网上求助，希望其他网友能为他支招：

"我是一名男文秘，原本，男性做这行就不怎么吃香。自从进入这家公司，我一直告诫自己要勤勤恳恳地工作，最起码要对得起这份工作。实际上，我的工资并不高，才一千多块钱，另外，公司基本没什么福利，我这个文秘还干了所有杂活，这倒还好，最关键的是，我也不知道为什么，我好像得罪了我的女上司，她总是没事找事，一天不说我她就难受。上班就是煎熬啊，以前单位的规定，到我这儿全改了，不管事情大小，责任全都赖我头上。记得有一次，头一天她明明告诉我周二的会议是上午九点的，让我第二天提醒她，我给她发了短信，也发了邮件，但后来，她迟到了，就把责任推在我身上，说我通知错了时间，虽然我有证据，但我知道，和上司斗是没有好结果的，那样我会死得更惨。说真的，我自己觉得也没招她惹她啊，我现在真的很烦恼啊……遇到这种极品的女上司应该怎么办啊？"

》 明白我得失

估计有很多人都遇到过案例中所说的情况，当你的领导是位吹毛求疵的女性时，你的工作难度似乎大很多，她似乎总是看不惯你的行为，对你的工作指指点点，即使你已经做得足够完美，但在她眼里，你还是必须再重新做一遍，面对这样的女领导，你必定感到很恼火，但无论如何，请记住，她毕竟是领导，千万不可与之动气，更不可顶撞她。

如果你能参照以下建议，即使不能得到她的青睐，至少也不会惹恼她：

● **真心实意地尊重女领导**

真心实意地尊重女领导，并且让她知道。既然大家认为女性的成功比男性更不容易，她理所应当得到你的尊重。如果你对她不满，请不要和她的性别联系起来，现代企业重视结果远远高于过程，性别已经不是企业招募人才的主要条件之一，所以不管你的女上司是何种性格，专心做好自己的分内事儿更重要。勤于沟通，善于沟通。谁的工作压力也不小，通力合作，互相依赖才能完成目标。所以应该经常和她交流看法，了解各自对目标的观点。适时地关心她，比如她感冒时的一片药，疲惫时的一杯咖啡或者生日时的小礼物等。

● **理解女性的情绪**

一个人无论怎样坚强，当她的家庭、情感或身体出现某些异常变化后，就容易显露出脆弱的一面。这种脆弱往往会被她带到工作中去，这时你会发现她无端地烦躁、莫名其妙地发火，尤其是处于更年期的女上司，有时脾气会十分暴躁。遇到这种情况，你千万不要试图去改变她，可以选择"躲避"的方式并努力适应她，有不少男职员经常会领教到女上司的情绪问题。处理这些事一定要慎重，即使被她训斥也千万不要耿耿于怀，男人做事要心胸宽广，不到万不得已，千万别做辞职的决定，毕竟，有份合适的工作不容易。

● **做事小心谨慎**

凡事都要慎重，多从领导的角度考虑，是否有破绽或漏洞，是否有让领导不放心的地方。小心谨慎总是好的，多疑的领导看到你谨小慎微，处处都为了达到让她放心的样子，女领导挑刺儿的行为自然会减少。

● **争取其明确回答**

有时候,领导之所以爱挑刺儿,是因为我们的工作成效与其期望值有一定的差距,而造成这一结果的原因是我们没有正确领悟领导的话。争取领导的明确回答有助于坚定领导的态度,防止她前思后想反复无常。争取到了领导的明确回答,也就堵住了她的口,否则就是领导自己出尔反尔。

第06章
社交场合不斗气，看准人心找到应对策略

　　人生在世，无论谁都希望得到他人的肯定和认可，谁也不愿被冷落或遗忘。很多时候，我们的价值是通过人际关系来体现的。然而，交际中，当我们为鸡毛蒜皮的事儿与周围的人置气、展开"生死大战"或者心灰意冷时，我们会抱怨——为什么我们没有好人缘？其实，归结起来，这是因为我们没有心机，不善于经营自己的人际关系。心机是一个人在社交场合乃至整个人生中获得成功的重要砝码，它能让我们免于很多交际中的烦恼和麻烦。我们在交际应酬中，真心待人固然是必备要素，但我们还要有"心机"，用"心"行事才是交际的长久之计。

情绪免疫：别让坏情绪左右你

不要过度干涉朋友的事情

亚里士多德说："我的朋友们啊，世上根本没有朋友。"拿破仑说："没有永远的朋友，也没有永远的敌人。"这两句话都是对友谊的极端理解和偏见，但我们又不得不承认，很多时候是我们自己赶走了朋友，毁灭了友谊，究其原因，我们说朋友之所以不能永久，是因为我们往往"情不自禁"地把好事做尽，没有给友谊留下必要的生长空间。真心的朋友之间，是没有隔膜的，彼此之间可以互相畅谈心声、诉苦、分享、游玩、联系、共同经历挫折。但无论如何，我们都要记住一点，每个人都有自己的生活方式，无论多好的朋友，都不要过多地去干涉他的事情。有时候，你的"一时义气"，给朋友带来的并不是帮助，而是困扰。

》以他人为鉴

小李最近和女朋友吵架了，原因还是一个老生常谈的问题——买房结婚，小李是工薪阶层，一个月几千块钱的工资，哪里买得起房子。但问题是，小李和女朋友已经到了适婚的年龄。

吵架后的小李闷闷不乐，只好找来自己的铁哥们小张，以排遣内心的不快。小张是个快言快语的人,在听小李诉说事情的缘由后,他张嘴便说:"这样的女人太现实了,要她干嘛?天下何处无芳草,依我看,分手得了,你看我们家小丽,从来都没有要我买房,她说一辈子租房都愿意,只要能和我在一起。"

"哎,还是你们家小丽好啊,懂得知足。"

"所以啊,男人嘛,要放得下……"就这样,小张就着这个问题,足足说了一个小时,他满以为自己的话,小李都听进去了。

可谁知,第二天,他就得知小李买了一大束鲜花去哄女朋友了。

从那件事之后,小张发现,小李好像有意疏远自己,甚至连自己的电话也不接了。

故事中,小张可以说是吃了哑巴亏,明明好心劝朋友,但最终却失去了朋友。为什么?因为他干涉了朋友的私事,可能他是出于好心,不希望朋友伤心,但对于情感这一类个人问题,是很难把握的。感情的事情原本就很复杂,只有当事人才能解决,靠别人解决,只会把简单的事情复杂化,把复杂的事情极端化。就像有人曾经说过的一句话:"说不清的是感情,说得清的是人情。感情的事,真的说不清,两个人的感情,第三人是插不上手的。"

"宁拆十座庙,不破一桩婚。"这是古代儒家思想的传统理念,也是民间的风俗传统,即使在现代,这句老话依然没有过时。小张劝小李与女朋友分手，对方在失意时，可能不以为然，而当他们和好之后，再回想起来，便认为小张是心怀不轨了。

》明自我得失

因此，我们应当引以为戒，如果有一天，你最要好的朋友一把鼻涕一把泪地向你哭诉他（她）对她（他）的种种不是，你千万不要跟着对方骂对方恋人"没肝没肺没良心"，要他们早点分开。你可知道他（她）找你哭诉的目的是什么吗？

他（她）之所以来找你，只是一时冲动，他（她）只想发泄一下，找点安慰，并不是来听你骂他（她）的爱人，其实他（她）并不想离开她（他）。即使他（她）添油加醋地要求你教训他（她）爱人，也只是想从你这里找到一点情感的慰藉。因为恋爱中的人都是敏感的，一旦受了委屈，总希望自己的家人、朋友为自己出出气、评评理，来调节自己失衡的心理。而不明就里的你，如果受了假象的迷惑，言听计从，劈头盖脸地把他（她）爱人痛骂一顿，这种仗义之举的确满足了他（她）的安全感，却也会在事后激起他（她）对你的反感，不知道他（她）心里会怎么恨你呢！

所以，一个心理成熟的人，不会自找麻烦，也不会让别人为难。与朋友保持适当的距离，是心灵的需要，也是友谊的需要。

"千里难寻是朋友，朋友多了路好走""朋友是自己成功的阶梯""朋友是人生中宝贵的财富"……这些话都说明了朋友的重要性，也说明了人们对友情的渴望。两个亲密的朋友会无话不谈，即使是在很远的地方也能够感觉到彼此之间的存在，会互相帮助，共同成长。

但聪明的你，一定要记住：不要过度介入好朋友的事情。为此，你需要记住让友谊长存的两大秘诀：

第一，不要充当你朋友的保护伞，你跟朋友不是连体婴儿，不要以为朋友的所有事情就是你的事情，尤其在某些你不宜干涉的问题上，你应该让朋友自己去处理。

第二，不要期待朋友能帮你决定所有的事情，如果你常对对方有这种期许，他会很有压力感，因为他在替你做决定时，注定要承担后果。所以，真正的好朋友是在你自己做完决定后，或在做决定时，他在旁边给你建议，而不是决定你该怎么做。

拒绝朋友但不要伤及对方的面子

人生在世，谁都不是独立存活于世的，任何人不论地位高低，身份贵贱，总会碰到一些需要求助人的事儿。帮助朋友解决问题是我们理所应当的责任，在我们的身边，总会有一些好朋友，他们会遇到一些自己难以办到的事儿，自然要求旁人帮忙，如果我们能办到的话应尽最大的努力去办，假若朋友提出的某些要求太过分，不是我们个人力所能及的，这就会出现要拒绝他人的问题。对于拒绝，一些心直口快的人认为，既然是拒绝,有什么难的,直接说"不"即可,其实不然,如果我们全凭自己的感受,不顾他人面子直接开口拒绝,那么,对方可能会因为失了尊严而与我们绝交,这样就得不偿失了。

实际上,学会拒绝,是人们进行社会交往所必需的技能。世界著名影星索菲娅·罗兰在她的《生活与爱情》一书中,曾记下查理·卓别林与她最后一次见面时赠送给她的一句忠告:"你必须学会说'不'。索菲娅,你不会说'不',这是个严重的缺陷。我也很难说出口。但我一旦学会说'不',生活就变得好过多了。"要想在社交活动中取得成功,学会拒绝是必不可少的。

那么,我们在与朋友交际应酬的时候,怎样才能不伤感情地回绝朋友呢?当然,对于拒绝也不能一概而论,要具体问题具体分析。一般情况下的拒绝应分为几种情形:一种是直截了当地拒绝,这种拒绝方式一般是因为被求者是个干净利落、不拖泥带水的人,办事也是风风火火的;还有一种是委婉地拒绝,这种情况下,被求者碍于面子,考虑到直接回绝朋友会伤及自己的面子和别人的自尊,于是,先绕个弯子再拒绝,也可能采取其他方式逃避别人的要求,这是一种迂回的拒绝方式。

❱❱ 以他人为鉴

明朝的时候,有一个叫周新的人,官至按察使(负责司法的官),权力很大,他上任后不久,就有不少人给他送礼,他都一概拒绝了。

一天，又有一个人来看望他，还带来了一只黄澄澄、肥嫩嫩的烤鹅。来人说："请大人尝个鲜，不成敬意"，说完拔腿就走了。对此事，周新确实很犯愁，怎么办呢？不收吧，东西已经留下了；收吧，有今天的一次，以后就会有十次、百次，那就没法收拾了。

忽然，他灵机一动，想出了一个办法。他叫来手下人，吩咐他把烤鹅挂在屋子后面。一天，两天，那只鲜嫩的烤鹅变得又干又硬，还沾满了灰尘。

以后，再有人来送礼，周新就领他去看那只挂着的烤鹅，那些人看到送礼只能落得如此的结局，也就不再送了，不久就断绝了人送礼。

这里，周新拒绝送礼人的办法就是"借用道具"法。一只普通的烤鹅，被他挂在屋后，就成了他拒绝送礼人的道具，利用它把送礼人的念头打消了。

除了以上这种方法外，适当的时候，我们可以用充足的理由和诚恳的态度直接拒绝别人。在拒绝别人时，充足的理由是必不可少的，只要你的理由充足，语言诚恳，对方一般都不会在你的拒绝之下继续坚持。

春秋时期，还有这样一个故事：齐国宰相晏婴的妻子又丑又老，而年轻美貌的齐景公的女儿却对他产生了爱慕之情，并由齐景公亲自向晏婴来说这件事。可是晏婴却不同意，他对齐景公说道："大王，我不能从命啊！我妻子确实又丑又老，但我们生活多年,感情很深,我们曾经发誓要夫妻恩爱,白头偕老。您虽有这番美意,但我却不能背离誓言。"说完,给齐景公拜了两拜,坚决拒绝了。齐景公见他言辞恳切,也就无法再难为他了。

◇ 明白我得失

这是一种直接拒绝的方法,言辞诚恳,对方也就不会过多地为难。而在这种情况下,对方若是因为你的拒绝,表现出愤怒或威胁态度时,不需要立刻回应,多用同理心来缓和他的不满与挫折感。

我们还可以采取以下方法补救:

谢绝法:对不起,我真的不能接受,不过还是谢谢你。

婉拒法:我还没有想好,请给我一点时间,让我好好想想。

回避法:哦,这样啊,对了,你的另一件事怎样了……

幽默法:我很乐意帮你,但我今天实在有事,只好当逃兵了。

无言法:如果你想拒绝某人,却又不好意思,完全可以通过一些手势、动作来暗示。比如摆手、摇头、耸肩、皱眉、转身等。

严辞拒绝法:这可不行,我已经想好了,你不用再费口舌了!

补偿法:真对不起,这事儿我真无能为力,这件事儿我实在爱莫能助了,不过,以后你有什么事情可以找我,我会尽量办到的！

借力法：你问问他，他可以作证，我从来干不了这种事！

总之，在与朋友的交际中，学会拒绝是我们必备的技能，让朋友了解我们的难处和爱莫能助的心情，在不伤及友情的情况下拒绝，这是最高境界的拒绝，这样，我们彼此之间的友谊才不会因此受损，真心交友便会互助一生！

谨慎择友，社交场上留点心

人们常说"朋友多了路好走"，我们也都渴望人生路上有朋友相伴，而人们结识新朋友的方式是多种多样的，其中就包括社交。有时候，在三言两语、推杯换盏之间，你会发现，某人与你志趣相投，有着共同的人生目标等，于是，多次的你来我往，便结识为朋友了。

以他人为鉴

而事实上，"浇树浇根，交友交心"，你能确保你交的是良友吗？孔子说："益者三友，损者三友。友直，友谅，友多闻，益矣。友便辟，友善柔，友便佞，损矣。"意思是有益的朋友有三种，有害的朋友也有三种。与正直坦荡的人交友，与宽容诚信的人交友，与博学多才的人交友，是有益的；与歪门邪道的人交友，与善于阿谀奉承的人交友，与习惯花言巧语的人交友，是有害的。什么是好朋友，什么是坏朋友，孔子提出的标准泾渭分明，值得我们认真思考。

俗话说，"黄金万两易得，人生知己难求"。在复杂的社会中，我们若想交到真正意义上的朋友，绝非易事，因此，不可凭一时意气。要知道，倘若你交友不慎，那么，很可能会为你带来很多麻烦，甚至会祸害无穷，他们或表面友好、背地里放冷箭，或因有利可图，对你蓄意讨好。

我们发现，在人生路途中，很多人都是匆匆过客，而我们的知心友人，却总是伴我们左右，对我们不离不弃。

明白我得失

然而，好人和坏人都不会写在脸上，怎样才能交到好朋友而远离坏朋友呢？按孔子的理论，一要有仁爱之心，愿意与人亲近，有结交朋友的意愿；二要有辨别能力，要有保障交友质量的底线。你可能有各种各样的朋友，或吃喝玩乐的酒肉朋友，或情趣相投的文墨笔友，或在事业上相扶相帮、同甘共苦的朋友，但让你一时舒畅、愉悦、满足的，可能恰恰是损者三友。当你失去了被他们利用的价值时，他们就会变出另外一副面孔，生活中这样的教训太多了。

所以，要交真正的贤友、诤友，决不能仅凭一时的情义，而要理智把握自己，运用前面讲过的孔子的观人术，力求"视其所以，观其所由，察其所安"，便能帮助我们辨别人的好坏，认识人的本质，以此决定是否继续与这个人来往或深交。当然，要交好朋友，自己必须心存敦厚诚信，做一个堂堂正正的人，不给坏朋友盯上你的机会。

事实上，每个人工作和生活的过程，也是辨析真假朋友，净化"社交圈"的过程。不断地结识、不断地选择、不断地增加、不断地淘汰，到最后，只有那些拒绝交"假朋友"，"社交圈"最干净的人，才是走得最远的人。

真诚宽宏，不斗气的人才有真朋友

俗话说得好，"人非圣贤，孰能无过""金无足赤，人无完人"。英国谚语也说："世上没有不生杂草的花园。"阿拉伯人说得更风趣："月亮的脸上也是有雀斑的。"生活中的每个人都有情绪低落的时候，即使再清醒的人在心情烦躁的时候，也会做出一些不太清醒的事儿，在心情郁闷的时候也难免会说出一些偏激的话，在这样心情的影响下，我们的朋友难免会对我们说一些过火的话，或者做了一些错事，这很正常，事情过后他们也会为自己的言行后悔不已。因此，我们要将心比心，学会理解和宽容朋友，理解别人就是理解自己，你对朋友的宽容极可能换来朋友对你更大的宽容。我们常说"得饶人处且饶人"，对朋友的宽容就是对自己甚至是你们友谊的一种更高层次的升华，而相反，如果你与朋友斗气，对朋友苛刻，那就是给你们的友谊戴上了一副沉重的枷锁,不仅是在给自己的心灵施压,也会赶走你身边的朋友。

》以他人为鉴

三国时期的蜀国,在诸葛亮去世后任用蒋琬主持朝政。他的属下有个叫杨戏的,性格孤僻,讷于言语。蒋琬与他说话,他也是只应不答。有人看不惯,在蒋琬面前嘀咕说:"杨戏这人对您如此怠慢,太不像话了!"蒋琬坦然一笑,说:"人嘛,都有各自的脾气秉性,让杨戏当面说赞扬我的话,那可不是他的本性;让他当着众人的面说我的不是,他会觉得我下不来台,所以,他只好不作声了。其实,这正是他为人的可贵之处。"后来,有人赞蒋琬"宰相肚里能撑船"。

的确,在我们与朋友交往的过程中,难免会遇上令人难以忍受的事情,也难免会产生一些摩擦,此时,如果我们凡事好争斗,非得分个是非对错,甚至得理不饶人,那么,长此以往,你的朋友必将远离你。我们不得不承认,很多朋友之间的友情就是由于无法互相谅解和宽容而土崩瓦解的,让人为之叹惋!而当我们以宽容的心来对待时,我们的朋友就会被我们高贵的品质、崇高的境界以及人格力量所征服,彼此之间的友谊就会更加牢固、长久。

一个学生向老师抱怨班里某人特讨厌,总喜欢跟他比,影响了他的学习。

老师问这学生:"你喜欢吃苹果吗?"学生愕然,但还是回答:"不喜欢,但我喜欢吃雪梨。"

"你不喜欢吃苹果?"

"对。"

"那有没有人喜欢吃苹果?"

"当然有!"

"那你不喜欢吃苹果是苹果的错吗?"

学生笑笑说:"当然不是!"

"那你不喜欢他是他的错吗?"

从这一段对话中,我们可以发现,其实很多时候,我们会把朋友犯的一些小错误放大,其实,这并不是朋友的错,是我们错误的心态造成的,我们应该学会宽容一点,所谓"海纳百川,有容乃大",宽容是一种仁爱的光芒、无上的福分,是对别人错误的释怀,也是对自己的善待,更是让友谊长久的灵丹妙药。

» 明自我得失

多一些宽容,友谊才会长久;多一些谅解,友谊才会更加坚不可摧。那么,在与朋友交往的时候,如何做到宽容呢?这就需要换位思考,进行角色的转换。朋友间若产生了摩擦,只要站在对方的立场上来思考一下,怒火和怨气也就在你的心中慢慢融解了。

学会了宽容,我们也就学会了做人。从古至今,宽容都是作为高尚人格的标准之一,《周易》中提出"君子以厚德载物",

荀子主张"君子贤而能容罢,知而能容愚,博而能容浅,粹而能容杂。"学会了宽容,同样也是学会了处世。佛家有云:"精明者,不使人无所容。"人是社会的人,世间并无绝对的好坏。宽容才是真正的交友之道,宽以待人,才会让友谊长久!

的确,在人的一生中,最为可贵的品质就是宽容,它是一种无坚不摧的力量。有诗云:"腹中天地宽,常有渡人船。"宽容,对人对己都可成为一种毋需投资便能获得的"精神补品"。学会宽容不仅有益于身心健康,且对赢得友谊、保持家庭和睦、婚姻美满,乃至事业的成功都是必要的。而我们在日常的交友中,要学会用一颗宽容的心去接纳别人,友谊之树才会长青,互相宽容的朋友一定百年同舟,风雨共济,互助一生。

火眼金睛,学会提防小人

中国有句古话,"害人之心不可有,防人之心不可无",这句话不无道理,毕竟社会之大,不是每个人都能行事光明磊落、坦坦荡荡,生活中,就是存在一些小人,喜欢搞阴谋,让人防不胜防。而对于那些小人,我们大可不必与之置气,只要善于发现并提防即可。对于那些行事诡诈之人,只有远离他们,才能让我们自己有效地减少危险。

以他人为鉴

晏子是春秋后期一位重要的政治家、思想家、外交家,晏子身材不高,其貌不扬,但颇具智慧。

景公时,有三个勇士,名叫公孙捷、田开疆、古冶子。他们都为齐国立了很大的功劳,因此不把晏子这样的"小矮人"放在眼里。晏子便去见齐景公说:"我听说贤明的君主收养有勇力的武士,对上讲究君臣的礼仪,对下讲究长幼的人伦道理,对内可以防止强暴,对外可以威慑敌国,君主得益于他们的功劳,百姓佩服他们的英勇,所以使他们地位尊贵,俸禄优厚。现在君主所养的勇士,对上没有君臣的礼仪,对下不讲长幼的人伦道理,对内不能够禁止强暴,对外不能够威慑敌国,这三个人是危害国家的祸害啊,不如除掉他们。"景公说:"这三个人武艺高强,要擒擒不了,要刺刺不中,如何是好?"晏子说:"这三个人都是凭自己的力量攻击强敌的,不懂长幼的礼仪。"于是请求景公派人给他们三人送去两只桃子,让他们论功而食。景公使人送去两只桃子,使者见三人分吃却少一只便说:"三位为什么不计算各自的功劳而吃桃子呢?"

公孙捷仰天长叹道:"晏子,真是个聪明的人!他让景公用这种办法来比量我们的功劳大小。不接受桃子是没有勇气,接受吧,人多桃少,我何不说说自己的功劳来吃桃子呢?我曾有一次空手击杀一只大野猪,一次徒手打死一只母老虎,像我这样的功劳,完全可以独吃一只桃子了。"说完拿过桃子站了起来。

田开疆说："我手持武器曾两次打败敌人大军，像我这样的功劳，也可以独吃一只桃子。"说完也拿过桃子站了起来。

古冶子说："我曾随从国君渡黄河，一头大鼋（"鼋"，yuán，一种爬行动物）叼走左骖（"左骖"，古代驾车三马中左边的马）潜入砥柱山下的激流中。我就一头潜入水底，逆水潜行百步，又顺流而行九里，终于捉住大鼋，把它杀死了。我左手握住马的尾巴，右手提着鼋头，像鹤一样跃出水面，船夫们都说：'这是河神！'像这样的功劳，也可以独吃一只桃子吧。二位何不把桃子还回来。"说完抽出宝剑就站立起来。公孙捷、田开疆齐道："我们的功劳不及您，拿走桃子而不谦让，这是贪心；既然这样而又不敢一死，这是没有勇气。"二人都还回手中的桃子，自刎而死。古冶子说："二位都死了，我独自活着，这是不仁；拿话羞辱别人，而夸耀自己的功劳，这是不义，行为违背了仁义，不死，就是怕死鬼。"说完也把桃子交了回来，自刎而死。

孔子在评价晏子这一行为时就毫不留情地说："晏子，小人也！"晏子"二桃杀三士"的故事更是说明晏子其人不光喜欢作秀，而且还阴险毒辣。他在知道这三位勇士关系深厚，不宜攻破后，采取这一挑拨离间的手段，小小的两个桃子就让这三个兄弟自杀而死，实为阴险的手段。

晏子的这一手段，常被后世的一些人利用，他们收买联盟中的一部分人，而冷落另一部分人，把矛盾转移到对方阵营的内部。这种以术代道者，都是些投机取巧之人，他们无道，但是满肚子阴谋诡计，喜欢玩弄人际关系。

» 明自我得失

"林子大了，什么鸟都有"，这是人们常用来感叹社会复杂的一句话，可能在你身边发生过这样一些事：你曾听到你的同事在领导面前中伤另外一个同事，而他们在人前是很好的朋友，其目的是减少竞争者；你可能看到一些人被钱财诱惑，不惜在利害关头出卖朋友……因此，不要再天真地认为，这个世界上都是好人，也不要因为你的同事对你说了几句悦耳的话，就认为对方把你当知心朋友，然后对其和盘托出你所有的秘密，到最后被人利用了还蒙在鼓里。

"明枪易躲，暗箭难防"，做人当然要以坦荡为本，但是，我们又不得不随时防备身后射来的"暗箭"。生活中的坏人，不会因为我们的真诚而变得善良，也不会因为我们的坦荡而放弃对我们的攻击。所以，我们要始终记着"防人之心不可无"。面对利益的争夺时，应冷静地判断，不要相信别人的花言巧语，因为人们在"甜言蜜语"和"糖衣炮弹"的"贿赂"下，会更容易失去抵抗"暗箭"的能力，更容易任人摆布。

巧妙退让，社交场上学会以退为进

《孙子兵法》曾说："先知迂直之计者胜。"曲中有直，直中有曲，这是辩证法的真谛。社交中很多时候，我们会遇到一些交际障碍，此时，如果任性做事、硬碰硬，必然两败俱伤，而如果我们能懂得以退为进，学会妥协，就会得到不同的结果。山谷前面是峰顶，退一步才能进两步，沿着螺旋式轨迹才能稳步上升。以退为进和适当妥协是一种交际策略，是从整个大局考虑的智慧抉择。

以他人为鉴

春秋时期，晋献公听信谗言，杀了太子申生，又派人捉拿申生的异母兄长重耳。重耳闻讯，逃出了晋国，在外流亡十九年。

经过千辛万苦，重耳来到楚国。楚成王认为重耳日后必有大作为，就以国君之礼相迎，待他如上宾。

一天，楚王设宴招待重耳，两人饮酒叙话，气氛十分融洽。忽然楚王问重耳："你若有一天回晋国当上国君，该怎么报答我呢？"重耳略一思索说："美女侍从、珍宝丝绸，大王您有的是，珍禽羽毛，象牙兽皮，更是楚地的盛产，晋国哪有什么珍奇物品献给大王呢？"楚王说："公子过谦了，话虽然这么说，可总该对我有所表示吧？"重耳笑笑回答道："要是托您的福，果真能回国当政的话，我愿与贵国交好。假如有一天，晋楚之间发生战争，我一定命令军队先退避三舍（一舍等于三十里），如果还不能得到您的原谅，我再与您交战。"

四年后，重耳真的回到晋国当了国君，就是历史上有名的晋文公。晋国在他的治理下日益强大。公元前632年，楚国和晋国的军队在作战时相遇。晋文公为了实现他许下的诺言，下令军队后退九十里，驻扎在城濮。楚军见晋军后退，以为对方害怕了，马上追击。晋军利用楚军骄傲轻敌的弱点，集中兵力，大破楚军，取得了城濮之战的胜利。

这就是"退避三舍"的故事，以退为进，然后诱敌深入，从而给自己留下了主动出击的后路，获得了最后的成功。

其实，当今社会，社交场本身也如同战场。各种交际场合中，高手如云，不少人争强好胜，锋芒毕露，给人造成了咄咄逼人的感觉，其结果往往适得其反。其实用点心机，适当"示弱"，并不是表示你无能，有时反而起到化解矛盾、以柔克刚的作用，会取得意想不到的效果。承认"无知"，多学多问，是铺设成功之路的必备素质。学会了妥协，就能学会以屈求伸，以退为进，以静制动，以柔克刚，你才可能成为最后的胜利者。

有一次，在决策会上，松下幸之助对一位部门经理说："我个人要做很多决定，并要批准他人的很多决定，实际上，我只认同40%的决策，剩下的都是我有所保留或者觉得过得去的。"

这位部门经理听完后很吃惊，他说道："您作为最高领导，如果不同意，完全不必要问其他人的意见，大可以一口否决。"

松下幸之助说："即使是最高领导，也不能随便否定别人，因为没有人喜欢他人对自己说'不'。即使我认为是勉强的计划，也不会立即否决。而是会让他们执行，然后在执行过程中慢慢指导他们，让他们逐渐回到我预期的轨道上来。毕竟，公司是大家的，而不是我一个人的。妥协有时候能使公司更强大，人际关系更融洽。"这一番话使得这位经理更加佩服松下。

可以说，松下幸之助就是个善于笼络人心的人，即使成功后，他依然尊重员工的发言权，这就是一种会妥协的交际策略。正如他说的，没有人喜欢自己被否定，都希望得到他人的认同，他利用的就是人的这种心理。

》 明白我得失

善于妥协有时是一种为人处世的智慧，因为妥协意味着对他人的尊重。现代社会是一个强调人人平等的社会，人与人之间最重要的莫过于尊重，尊重别人才能换来对方的尊重。如果你能考虑到他人的利益，尊重他人的想法，那么，你必定是个交际中的智者。

这里的妥协，和日常生活中人们所说的麻木和世俗是不能等同的，这是一种心态的调整，是"退一步海阔天空"的大度，是一种战术，也是战略，更是成大事的智慧。

不过，交际中不可能事事妥协，妥协要看具体情况，要看你的大目标所在。也就是说，为了达到大目标，可以在次要的目标上做适当的让步。这种妥协并不是完全放弃原则，而是以退为进，以屈求伸。我们要有长远的眼光，以大目标为我们交际的根本动力，在适当的时候妥协，才会离交际的大目标更近一步！

日久见人心，社交人心需要考验

人们常说，人心是这个世界上最复杂、最难琢磨的东西，它隐藏起来，很难让人把握。因此，社交中，要想看透别人的内心，了解他的性格，就不能凭一时之感受，而应该把它交给时间。有一句话叫"路遥知马力，日久见人心"，意思是说一个人的本质，是很难掩藏很长时间的，时间长了，自然就把人的本质看出来了。

因此，社交中，我们不妨留点心，不要过早对一个人掏心掏肺，得从长计议，将自己的眼光放远一点，慢慢你就会发现，人是形形色色、千差万别的，在错综复杂的事物背后，人的本质似乎高深莫测，看来看去都是雾里看花，捉摸不定。

》以他人为鉴

孙膑和庞涓是同学，拜鬼谷子先生为师一起学习兵法。同学期间，两人情谊甚厚，并结拜为兄弟，孙膑稍年长，为兄，庞涓为弟。有一年，当听到魏国国君以优厚待遇招求天下贤才到魏国做将相时，庞涓再也耐不住深山学艺的艰苦与寂寞，决定下山，谋求富贵。孙膑则觉得自己学业尚未精熟，还想进一步深造；另外，也舍不得离开老师，就表示先不出山。

于是庞涓一个人先走了。临行，庞涓对孙膑说："我们弟兄有八拜之交，情同手足，这一去，如果我能获得魏国重用，一定迎接孙兄，共同建功立业，也不枉来人世一回。"

庞涓在魏国迅速得到了魏王的重用，慢慢地他的声威与地位也提高了，魏国君臣百姓，都十分尊重他、崇拜他。而庞涓自己，也认为取得了盖世大功，不时向人夸耀，大有普天之下舍我其谁的气势了。这期间，孙膑却仍在山中跟随先生学习，他原来就比庞涓学得扎实，加上先生见他为人诚挚正派，把秘不传人的《孙武兵法》十三篇细细地让他学习、领会，因此，孙膑此刻的才能远远超过庞涓了。

孙膑下山后，到魏国先去看望庞涓，并住在他府里。庞涓表面表示欢迎，但心里很是不安，唯恐孙膑抢夺他独尊独霸的位置。又得知自己下山后，孙膑在先生教诲下，学问才能更高于从前，十分嫉妒，产生了要置孙膑于死地的恶念。在他设计的圈套里，孙膑被挖去了膝盖骨。

孙膑又何曾料到，昔日与自己一起读书习武的庞涓竟会加害自己，但庞涓最终还是败在了大智若愚的孙膑手里，在"围魏救赵"一战中，他被齐国的乱箭射死。

从这个故事中，我们也可以得出一个道理——日久见人心。社交中，初次与人交往，应本着"逢人只说三分话，未可全抛一片心"的交往原则，那些善于识人的智者，都能做到见微知著，明察秋毫，从长远处打算，而不是凭一时兴致。

因此，"长期考察法"应该是最有效的一种识人方法。可是，生活中，我们不难发现，为什么有些人在原来的岗位干得很好，到了新的岗位却表现不佳？为什么有些人，即使你与他相识很久，却依旧不了解他？难道长期考察的方法错了？

❱❱ 明白我得失

其实，"日久见人心"的精要之处不在"日久"，而在于发生的能体现人心、人的特点的"事件"足够多。另外，这些事件还必须是一针见血的、有关键意义的、能充分说明问题的。

到底多久能看出一个人的真性情，在恋爱的问题上就很有代表意义。有人说是一年，有人说两年，有人说一个月，还有人说一个短期旅行之后就找到了自己的另一半。的确，影响这个过程的因素有很多，人们的回答也是不同的，但我们可以肯定的是，做出这个决定是在一个关键式的"事件"之后。这个事件让对方的感情、思想、个性能够有机会充分表现，你就可以做出准确判断，从而下定决心，义无反顾了。所以，我们并不能说闪电式结婚就是不理智的，也不能说认识两三年两个人感情就稳定了。

同样，在与人交往中，我们也应该根据关键事件考察，而不只是时间。长期考察的好处，就在于对重复出现的特点有更加准确的判断力。"日久"，客观上创造了很多让人表现的机会，如果关键事件频繁出现，我们就能够把人看准，能够"见人心"了。"日久见人心"的精要处就在于通过稳定的重复出现的表现，即人的品质，预测这个人未来的行为。

因此，社交中对人的了解是需要一个过程的，是需要时间来验证的，也是需要经过实践的磨炼的。要想真正了解一个人，认识一个人，必须与他（她）打交道，与他（她）处事，方知对方是否可交。

朋友间保持距离，才能避免伤害

生活中，不知你是否留意过：原本两个关系很好的朋友，以前亲密无间，不分彼此，可是，没过多久却翻脸了，不仅互不来往，还反目成仇了。为什么会这样？原因很简单，因为他们太过亲近了！

俗话说"距离产生美"，这是一个美学命题，但却蕴含一定的人生哲理。两个人之所以成为朋友，必定是有一定的相容性，然而人必定是单独的个体，是需要一定的个人空间的，如彼此连一点点个人空间都没有的话，那时间久了也会生厌，所以这时就需要保持一定的距离。所以中国民间就有"小别胜新婚"这一说法，夫妇双方在小别以后有一种迫切渴望重逢的雀跃，朋友之间也是如此。当然，这种距离也是有限度可言的。

而现实生活中有一些人，他们与朋友相处，缺乏理智的思考，全凭自己的主观感受，认为朋友间就应该亲密无间，可有一天，当和自己形影不离的哥们儿突然远离自己时，才明白原来自己的友谊让对方窒息了。其实，毫无距离的友谊是非常错误的。与朋友交往，如果双方之间太了解，太过接近，就会没有一点新鲜感，没有一点隐私。而保持一定距离，雾里看花，水中望月，一切都是那么美好，这就是"距离产生美"。

❱❱ 以他人为鉴

从前，有一户农家，住在半山腰上，生活自给自足，虽然清苦，还勉强过得去。但只要有额外的生活开销，日子就会吃紧。

这天下起了大雨，男主人的一个朋友却来拜访。此人虽然与男主人交情马马虎虎，但大雨天来拜访，让全家人十分感动，于是，好酒好菜招待他。男主人高兴地与他聊到天明，两人的感情一下子升温了，还聊到认识之初的一些事情。而男主人的这个朋友也完全把朋友家当成了自己的家。

这个朋友性格开朗，一看自己这么受欢迎，便放心地住了下来。但谁知道，他居然一住下来，就不打算离开了。女主人开始着急了，因为家里的菜已经吃完了，只剩下一些干粮，但这场雨一直不停，他们无法下山去买菜。

一天，女主人嘀咕起来："你看怎么办吧，反正家里是没吃的了，这人怎么这样！要不是你对他那么好，他会赖着不走？"

丈夫无奈地回答："他不走，我总不能请他自己离开吧！"

妇人说："反正我不管，你自己想办法，我不做饭了。"妇人越说越气，说完之后，就拂袖而去，留下不知该如何是好的男主人。

隔天，吃完饭后，主人陪着客人聊天，看看窗外的景致，谈谈过往的回忆。这时候，主人忽然看到庭院的树上有一只鸟正在躲雨，这只鸟的体型非常大，是以前都没有见过的鸟类。主人灵机一动，对客人说："你远道而来，这几天我都没有准备什么丰富的菜肴招待你，真是不好意思！"

"别这么说，我觉得一切都很好，你和嫂子款待周到，吃得好、睡得好，我感激不尽呢！"

"看，窗外树上有一只鸟呢，以前见过吗？"

"看到了，怎么啦？"

"我等一下准备拿斧头把树砍了，然后抓那只鸟来煮，晚上我们喝酒时，才有下酒菜呀，你觉得如何？"

客人想了半天，十分疑惑地问："当你砍树的时候，可能鸟儿早就飞掉了吧，你怎么抓它呢？"

主人说："怎会呢，在这个人世间，还有更多不知人情世故的呆鸟，大树都已经倒了，都还不知道要飞呢！"结果，这个客人悻悻离去，再也没有来拜访过这家人。

从这一则故事中，我们可以发现，朋友间的交往，应该保持一定的距离。无论是怎么样的朋友，无论关系多么密切，距离都是如此重要。朋友，需用心去经营，需有一定的艺术技巧。要知道，朋友之间的帮助是真心的，但伤害却是无心的，而避免这些伤害的方式只有保持一定的距离。

》明白我得失

所谓的"保持距离"，说到底就是不要过于亲密，不要让对方觉得没有了私人空间，当然，这种距离，不仅仅是物理距离，还包括心理距离。最好的交友方式是要达到形体疏远而心灵愈加贴近。因为"保持距离"能使双方产生一种"礼"，有了这种"礼"，就会相互尊重，避免碰撞而造成的伤害。

另外，我们还需要注意"度"的把握。与朋友相处，如果距离过于疏远，很容易使朋友间的友情变淡。尤其是在日益忙碌的现代社会，人们都为自己的事业和家庭奔波，紧张的工作之余，几个朋友偶尔一起聚聚能加深感情，但要是彼此都不抽出时间来，即使关系再好的朋友，友情也会逐渐变淡，甚至变成仅仅是熟人而已。所以，为了保持你们之间的友情，为了让你的人生不再孤寂，那就遵循这一原则——好朋友也要适度保持距离。

总之，现代社交中，我们与朋友相处，要想建立良好的人际关系，要学会用点心机，要把握好朋友间交往的距离，用心交际，不可意气用事，才能做到既相互了解又相互尊重，那才是最好的状态！

第07章
掌控情绪，动气是不爱自己的表现

马克·吐温说："世界上最奇怪的事情是，小小的烦恼，只要一开头，就会渐渐地变成比原来厉害无数倍的烦恼。"智者总是不畏惧烦恼，他会让阳光照进心房，晒出好心态，从而使内心滋生的怨气消失得无影无踪。

情商高的人不会落入斗气的陷阱

在生活中，那些情商高的人，往往会选择"斗心"，而不是斗气。在这里，"斗心"实际上就是塑造良好的心态，努力克制自己的情绪。情商，其实就是情绪智力，主要是指人在情绪、情感、意志、耐受挫折等方面的品质。所谓情商高，其实就是明智的另外一种说法，这并不是智力上的聪明，而是人们妥善处理生活事务的能力，比如如何为人处世、如何控制自己的情绪、是否关心别人以及是否能有效地激励自己。高情商是幸福生活的推动力。高情商的人从来都不选择斗气，他们只会努力修炼自己的心境，塑造积极乐观的心态，让自己经得起怨气的挑逗。高情商的人们，把每一天都会当成新的一天，当他们这样想的时候，他们已经精神百倍地去开始新的生活了。无论生活中发生了什么样的事情，他们从来都不斗气，因为在他们看来，每天早上醒来，能够自由地呼吸，能够灿烂地微笑，那就是一种幸运。

》以他人为鉴

薛尔德太太住在密歇根州，她以前靠推销《世界百科全书》之类的书籍生活，后来因为有了自己的家庭便辞去了工作，那时候日子虽然不富足但是也过得很安乐。但是很快，她安逸的生活就陷入了苦难之中。在1937年，她的丈夫死了，她自己几乎身无分文，这令她非常恐慌。那段时间，她极度颓废，几近崩溃，甚至差点自杀。后来，她给以前的老板奥罗区先生写信，请求他能让她做回以前的工作。于是，她四处借钱凑足了首付，以分期付款的方式买了一辆旧车，她重新开始以推销那些书籍为生。

薛尔德太太希望能够通过繁忙的工作来对抗自己的颓废和不安，可是她很快发现不行。毕竟她的丈夫已经不在了，只有她一个人驾车，一个人做饭吃，一个人生活，这所有的一切都令她无法承受。而她的工作也带给她一些困扰，在有些地方根本就卖不出去书，所以业绩不太好，虽然她需要按期偿还买车的钱不是很多，但是对于她来说还是很难凑齐。她整天心情很沮丧，对生活也没有什么希望，她甚至又绝望得差点自杀。

有一天，她读到了一篇文章，正是那篇文章中的一句话让她活了下来："对一个聪明人来说，每天都是一个新的人生。"这句话令她精神振奋，于是，她把这句话打印出来，贴在汽车前面的挡风玻璃上，为的就是自己开车的时候能随时看见它。薛尔德太太发现每次只活一天一点都不难，就这样，她摆脱了孤寂和恐慌，她觉得很幸福，工作业绩也上去了。

遭遇生活的打击之后，薛尔德太太每天都在跟自己、跟生活斗气,她生活得毫无希望;后来,虽然找到了工作,但失去丈夫的她仍未从打击中恢复过来,她依然陷在绝望的深渊中难以自拔,直到她读到了"对一个聪明人来说,每天都是一个新的人生",这句话给了她新生的力量,她不再斗气,而是意气风发地工作、生活,她逐渐感受到那种久违的幸福。而在这个过程中,薛尔德太太逐渐从一个低情商女人成为了一个高情商女人,她所拥有的是积极乐观的心态以及较高的情绪控制能力。

从前,有一位禅师,他十分喜爱兰花,在平日讲经之余,禅师花费了许多时间来栽种兰花,弟子们都知道禅师把兰花当成了自己生命的一部分。

有一次,禅师要外出云游一段时间,在临行前,禅师特意交代弟子:"要好好照顾寺庙里的兰花。"在禅师云游的这段时间里,弟子们都很细心地照料着兰花,但是,有一天,一位弟子在浇水时不小心将兰花架碰倒了,于是,所有的兰花盆都跌碎了,兰花也撒了一地。弟子感到十分恐慌,并决定等禅师回来后,向禅师赔罪。

过了一段时间,禅师云游归来,听说了这件事,便立即召集了所有的弟子,禅师非但没有责怪那位弟子,反而安慰他道:"我种兰花,一是希望用来供佛,二是为了美化寺庙环境,不是为了生气而种兰花的。"

禅师喜欢兰花,是一种情感的自然释放,并不是为了生气而种兰花的。哪怕自己辛苦培植的兰花被弟子弄坏了,但自己所铸就的却是良好的心态。所以，在得知自己的兰花已经被损坏后，禅师不仅不生气，反而安慰弟子，希望以此减少弟子内心的愧疚感。

》 明自我得失

其实，人生就是这样，它注定是一条充满曲折、艰难的路。或许，烦恼无处不在，但是，面对这样的现实，如果我们能够尝试着打开心灵的另一扇窗户，以一种积极、乐观的心态去面对，你会发现，所谓的烦恼根本不存在。

不给气恼的毒瘤以生长的空间

美国前总统林肯在患抑郁症期间说了一段感人肺腑的话："现在我成了世界上最可怜的人，如果我个人的感觉能平均分配到世界上每个家庭中，那么，这个世界将不再会有一张笑脸，我不知道自己能否好起来，我现在这样真是很无奈，对我来说，或者死去，或者好起来，别无他路。"所幸的是，林肯最终战胜了抑郁症，成为了美国历史上最著名的总统之一。对每个人来说，悲观、抑郁就是飘浮在天空中的乌云，它遮住了生活的阳光，给我们的心情带来了无尽的阴霾。对此，如果我们想要让内心的"气焰"无处藏身，那么我们就应该远离悲观、抑郁，积极乐观地生活。对于隐藏在内心深处的那些"气焰"而言，悲观的心境是肥沃的土壤，它可以从中得到很好的营养，因而不断地壮大，直至成为一团烈火；而乐观则好像是灭火器，将那些隐藏在暗处的"气焰"浇灭，最终换得平静的心境。

以他人为鉴

小时候的里根非常乐观，然而，他的弟弟却是个典型的悲观主义者。有一天，爸爸妈妈希望改变悲观的弟弟，于是，他们做了一些事情：送给里根一间堆满马粪的屋子，送给悲观的弟弟一间放满漂亮玩具的屋子。过了一会儿，爸爸妈妈走进了弟弟的屋子，发现弟弟正坐在角落里哭泣，而大多数的玩具几乎没有动过，爸爸妈妈询问原因，原来，弟弟不小心弄坏了其中一个小玩具，害怕爸爸妈妈会骂自己，所以，他哭了起来。

爸爸妈妈牵着弟弟的手，来到了里根的屋子，打开门，发现里根正兴奋地用一把铲子挖着马粪。里根看到爸爸妈妈来了，高兴地叫道："爸爸，这里有这么多马粪，附近一定会有一匹漂亮的小马，我要把这些马粪清理干净，一会儿小马就来了。"

长大后的里根做过报童、好莱坞演员、州长，最后成为了美国总统，他是第一位演员出身的美国总统。在他的成长过程中，里根也遭遇了不少失败和窘境，但生性乐观的他从来不斗气，而是坚信自己一定能成功。最终，乐观成为了里根成功路上的助推器，并帮助他消灭了潜藏在内心深处的"气焰"。

第07章 掌控情绪，动气是不爱自己的表现

波姬·戴尔是一位眼睛有残疾的妇女，她只有一只满是疮疤的眼睛，只能靠眼睛左边的小洞来观察这个世界。当她看书的时候，她必须把书贴近脸，然后努力使眼睛往左边斜。虽然她的眼睛是这个样子，但是她拒绝别人的怜悯，靠自己的乐观心情来享受生活的快乐。

小的时候，她渴望跟其他孩子一样玩跳房子，但是由于眼睛的关系，她看不见地上的线。于是，她等伙伴们都回家了，就自己一个人趴在地上，将眼睛贴到线上看来看去，并且牢牢记在心里。不久之后，她成了玩跳房子的高手。读书时，她把大字印的书紧紧贴在自己的脸上，艰难地学习着，谁也没有想到，她凭着自己的毅力，得到了两个学位，分别是明尼苏达州州立大学学士学位和哥伦比亚大学硕士学位。

完成学业之后，她开始了自己的教书生涯，通过自己的努力，她不但成为了文学教授，工作之余还在一些妇女俱乐部发表演讲，还到一家电台主持读书节目，她说："我脑海深处，常常怀着完全失明的恐惧，为了打消这种恐惧，我采取了一种快活而近乎游戏的生活态度。"

戴尔并没有因为自己只有一只眼睛，就开始与生活斗气，而是愉快地融入到人们的生活中。她甚至不需要人们的怜悯，而是希望自己看起来跟别人没什么两样。事实上，她做到了，虽然付出了比常人多几倍的努力，但是她依然活出了最优秀的自己，而这其中的秘诀就是积极乐观的性格。她把别人眼中的

不幸，变成自己的幸运，并且乐在其中，所以她在失明 50 年以后，还能通过手术重见光明。

❱ 明白我得失

通常积极乐观的心态会让自己的"气焰"无处藏身，而对于那些习惯于活在抑郁、悲观中的人，一点小小的烦恼恰似一颗毒瘤，每天它都在不停地生长着，最后，毒瘤化脓，最终将他吞噬了。所以，如果你不想继续与生活斗气，跟自己置气，倒不如先学会培养积极乐观的心态，有了这样的心态，再多的"气焰"也不怕。

理性看待，告诉自己他人生气我不气

佛说："烦由心生。"很多时候，生气是我们自寻烦恼。因此，不妨学得阳光一点，他人生气我不气，做一个不会生气的智者。在生活中，总是有一些人气性很大，总会为了"绿豆芝麻"的小事情生气，其实，在很多时候，我们只是在拿别人的错误来惩罚自己。如果犯错的是别人，我们何必要生气呢？当别人生气时，我们何苦也要生气呢？心态放阳光一点，心胸宽阔一点，即便对方很生气，我们也要保持笑容，暗示自己"我很好""我没有必要生气"，慢慢地，你那激动的情绪就会逐渐平复下来，这时再回想自己刚才的表现，或许就会哑然失笑，竟然为一些不明所以的事情而生气！

以他人为鉴

在美国的一个市场里，一个中国妇女的摊位生意特别好，这引起了其他摊贩的嫉妒。于是，大家总是有意或无意地把自己门口的垃圾扫到她的店门口。出人意料的是，中国妇人只是宽容地笑了笑，从来不计较，反而把那些垃圾都清扫到自己摊位的角落。

旁边那位卖菜的墨西哥妇人观察了好几天，忍不住问道："大家都把垃圾扫到你这里来，你为什么不生气？"中国妇女回答说："在我们国家，过年的时候，都不会把垃圾往外扫，垃圾越多就代表会赚更多的钱，现在，每天都有人送钱到我这里，我怎么会舍得拒绝呢？你看我的生意不是越来越好吗？"从这以后，那些垃圾就再也没有出现过了。

原本，中国妇女生意的红火惹来了别人的嫉妒，别人生气了，并将这种生气的情绪转化为实际行动，他们将自己门前的垃圾都扫到了中国妇女的摊位前，本以为这样可以激怒中国妇女，甚至会影响其生意。但是，他们都没有想到，中国妇女不气不恼，反而以阳光的心态面对这件事，即使别人生气了，自己也不生气。更没想到的事情在后面，当别人意识到中国妇女没有生气时，那些堆放在她门前的垃圾也不见了。

清朝时期，宰相张廷玉与叶侍郎都是安徽桐城人，两家是邻居，由于都要建房造屋，两家为地皮而发生了争执。张老夫人修书京师，希望张宰相出面交涉。谁知，张廷玉看了来信，立即作诗劝导老夫人："千里家书只为墙，再让三尺又何妨？万里长城今犹在，不见当年秦始皇。"张老夫人看见了书信，立即主动把墙退后三尺，叶侍郎家看见了，也马上把墙退后了三尺。这样，张叶两家的院墙之间形成了六尺宽的街巷，成了有名的"六尺巷"。

》明白我得失

哲人说："人生就像一朵鲜花，有时开，有时败，有时候面带微笑，有时候却低头不语。"无论人生这朵花几时开几时凋谢，我们还是依然会过着自己的生活，即便你昨天才遭遇了失恋的打击，你依然需要保证第二天准时打卡上班，因为没有哪一家公司是可以为那些失恋的人提供假期的，也没有人会关注你的心情如何。因此，为了这样一点小事情，我们值得生气吗？

天空可以容纳每一片云彩，不管其美丑，所以，天空变得广阔无比；高山可以容纳每一块岩石，不论其大小，所以，高山变得雄伟壮观。在我们的一生中，烦恼、困惑都是不可避免的，若凡事都斤斤计较，处处斗气，那我们只能整天生活在苦闷里。要想自己活得潇洒、从容，我们就必须拥有阳光的心态，即便他人生气了，我们也不能生气，以乐观的心态来面对所有的一切，你会发现事情远没有自己想象中那么糟糕。

摆正好心态，即使天塌下来，也不是什么大不了的事情。还是努力享受眼前的美景，对于那些烦心的问题，如果实在找不到解决的办法，不妨先放一放，等到自己心情完全平静之后，再寻思解决的办法，那时说不定所有的问题都会"柳暗花明又一村"，迎刃而解。

找到生气的原因，让自己学会静心

有人说："经常性的斗气就好像不断的感冒一样，会很严重地影响自己工作时的表现。"尽管，在斗气的时候，每个人都会意识到这是愚蠢的行为，会严重影响自己的生活和工作，但心中的那团怒火却越烧越旺，难以浇灭。实际上，当怒火攻心的时候，我们应该试着平静下来，找到生气的根源，然后斩草除根，将怒火扼杀在萌芽状态。权威的心理学家也表示：破解怒火的关键在于一定要找到生气的根源在哪里。虽然，在生气的时候，恶劣的情绪会从心中不断地涌现出来，它们如同火山下翻涌的岩浆，不断加热，以至于在最后的时刻爆发出来。不过，如果我们追根究底，却往往会发现那些不断积累的怨气只是来自一些微不足道的小事情，由小积大，最终积攒成怒火。因此，当我们弄清楚了生气的根源之后，就只需要找到合适的办法将之根除掉就可以了。

心理学家认为，一个人心中的怨气是一点点郁积起来的，或许，在刚开始，我们的心情只是稍微有点不愉快，但是，如果这时候再遇到一些令人头疼的事情，这样的情绪就会升温，火势就开始迅速地蔓延开了，最终所形成的结果无疑是"火山爆发"。生活中，我们明白，阻碍大火向四处蔓延的唯一有效方法是，彻底消灭火源。到底什么才是火源？自己生气的根源到底是什么？事实上，只有我们自己最清楚，毕竟，在这个世界上，并没有无缘无故的怒气，它始终会出于某种原因。

以他人为鉴

心理学家讲述了一个案例：

那天，一位貌似大学生的女孩走进了我的心理咨询室，刚一坐下，她就开始向我"控诉"："前两天我正在准备一次重要的考试，可是，就在前天晚上，隔壁王阿姨带着一对双胞胎女儿来串门，我暗示王阿姨说，我明天要考试，需要安静的环境。但是，妈妈特别喜欢那对双胞胎，极力挽留王阿姨再玩一会儿，小孩子很顽皮，我本来想静下心来好好复习功课，结果她们在外面嘻嘻哈哈，我一点也看不进书去，愤怒之余，内心感到一阵委屈，不禁趴在桌上大哭了一场。这时，又想起之前的种种不顺利的事情，结果越哭越伤心，几乎是整个晚上都在哭，第二天感觉晕乎乎的，只得昏昏沉沉地去考试，当然，这次考试很不理想。"

我听完了她的讲述，明白了是怎么回事，我慢慢帮助她找到生气的源头："这样看来，你似乎挺喜欢生气的，从你刚才的讲述中，我可以知道，你其实有自己的房间，一开始，你也可以告诉两个孩子别闹，说否则会影响你学习，这样就可以互不干扰了。后来，你在屋子里复习功课，其实，不知道你发现没有，真正扰乱你心绪的并不是小孩待在家里所发出的声音，而是你内心对于这件事一直耿耿于怀，由于你心里太在乎这件事情，只要意识到小孩的存在，就会感到心烦意乱，更不用说她们真正地来影响你了。"听了我的话，她点点头，说道："嗯，我感到十分委屈，每次我遇到了重要的事情，总是被别人影响，这样，白白浪费了我的许多时间和精力。"

看着她那痛苦而又无奈的表情，我试着用理解的口吻说道："你不要着急，其实，你应该清楚自己为什么总是那么容易生气，主要是你以前处理问题的方式不对。每个人的生活并不可能一帆风顺，总是会遇到这样或那样的麻烦，但是，如果这些问题没有及时得到解决，往往会产生较坏的影响。时间长了，在你心中就形成了这样一种思维定式：一旦遇上问题，就会采取消极的反应方式，诸如发脾气、斗气等，于是，生气就成为了你固定的条件反射。其实，任何事情都是可以解决的，只要你积极地思考，遇到事情不要总是闹情绪或生气，你可以试着平静下来，或者向值得信任的朋友倾诉一番，这样，你的心里就会豁然开朗了。"当她走出我的心理咨询室的时候，我清楚地看见洋溢在她脸上的笑容。

❯❯ 明自我得失

如果在心中的熊熊大火燃烧起来之前，我们能够及时地找到火源，并将其彻底地浇灭，使之不能复燃，那我们易怒的情绪就很容易恢复到平静的状态，这对于我们的工作和生活也是很有益的。

反之，如果生气的根源不被彻底清除，就会变成我们成功路上的绊脚石，有时候，我们之所以失败了，并不是因为缺少机会，或者能力不足，而是生气的根源成为了最大的绊脚石。一旦我们对愤怒的情绪失去了控制，我们也就失去了理智，可能会做出一些错误的判断，下一些错误的指令，自然也就很容易错过成功的机会。所以，在愤怒情绪即将爆发之前，我们应该想办法及时彻底地清除生气的根源。

自我剖析，认识真正的自己

早在两千多年以前，古希腊人就把"认识你自己"刻在了阿波罗神庙的门柱上，但是，直到今天，我们也只能遗憾地说，人们离"认知自我"仍有一段遥远的距离。许多人对自己并不了解，他们只是不断地挑剔自己，并因为自己这样或那样的缺陷而生气，这无非都是没有"认知自我"的表现。很多时候，我们之所以无法了解真实的自己，大部分原因在于我们容易受到外界信息的影响和干扰，比如他人的言行。那些来自外界信息的暗示，会令我们很容易出现自我知觉的偏差，比如明明是一个很可爱的女孩子，因为别人的言行，她会无限自卑，直至被自卑所吞噬。实际上，她并不像自己所想象的那么平凡，甚至在某些人眼中，她跟其他漂亮的女孩子并无两样。

》以他人为鉴

琳达是一位电车车长的女儿，她从小就喜欢唱歌和表演，她梦想着自己能够成为一名出色的好莱坞明星。然而，琳达长得并不算漂亮，她的嘴看起来很大，而且还有令人讨厌的龅牙。每次公开演唱，她都试图用嘴唇遮住自己的牙齿。

有一次，她在新泽西州的一家夜总会演出，为了表演得更加完美，她在唱歌时努力用自己的嘴唇来遮住那讨厌的龅牙，但是，结果却令她出尽洋相，这真是一次失败的演出。琳达看起来伤心极了，她觉得自己注定要失败，她真的打算放弃自己当初的梦想了。但是，就在这时，同在夜总会听歌的一位客人却认为琳达很有天分，他告诉琳达："我跟你说，我一直在看你的演唱，我知道你想掩盖的是什么，你觉得你的牙齿长得很难看。"琳达低下了头，觉得无地自容，可是，那个人继续说道："难道说长了龅牙就是罪大恶极吗？不要想去掩盖，张开你的嘴巴，观众看到你自己都不在乎，他们就会喜欢你的。再说，那些你想掩盖住的牙齿，说不定能给你带来好运呢。"琳达接受了这位客人的建议，努力让自己不再去注意牙齿。从那时候开始，琳达只要想到台下的观众，她就张大了嘴巴，热情地歌唱，终于，她成为了好莱坞当红的明星。

赛德兹说:"你应庆幸自己是世上独一无二的,应该将自己的禀赋发挥出来。"无论是像龅牙一样的缺点,还是难以弥补的缺憾,它同样是组成生命的重要部分,在生命中占据着不可或缺的位置。我们应该理智地认清自己,并以良好的心态接纳自己。

认知自我,还包括面对自己,不要因为自己有"缺陷"或者认为那就是缺陷,就想通过自己的方式将缺陷遮盖住,这样的行为恰恰是很愚蠢的。如果你蒙上了自己的眼睛,就能真正遮住自己身上的缺陷了吗?认知自我的必经之路,实际上就是正视自己的缺点和优点。

1921年夏天,年近39岁的富兰克林·罗斯福在海中游泳时突然双腿麻痹,后来经过诊断是患了脊髓灰质炎。这时,他已经是美国政府的参议员了,是政坛上的热门人物,遭到了疾病的打击,他心灰意冷,打算退隐回到家乡。刚开始的时候,他一点都不想动,每天都坐在轮椅上,但是,他讨厌整天被别人抬上抬下。于是,到了晚上,他就一个人偷偷地练习怎么样上楼梯。经过一段时间的练习,一天他得意地告诉家人:"我发明了一种上楼梯的方法,表演给你们看。"他先用手臂的力量把自己的身体支撑起来,慢慢挪到台阶上,然后再把双腿拖上去,就这样一个台阶一个台阶艰难地爬上了楼梯。母亲阻止儿子说:"你这样在地上拖来拖去,给别人看见了多难看。"富兰克林·罗斯福却毅然地说:"我必须面对自己的缺陷。"

即使遭遇了疾病的折磨,富兰克林·罗斯福也并没有与生活斗气，而是选择挑战命运，以阳光的心态接纳自己。其实，无论是身体的缺陷还是来自生活中的困难与挫折，这都不是斗气的借口，更不是自暴自弃的理由。我们要敢于突破内心的束缚，释放自己最真实的内心。

》明自我得失

有时生活让我们受尽了折磨，我们所面对的都是他人的嘲笑和谩骂，在这样的情况下，我们逐渐失去了自我认知的能力。然而，对于我们每个人来说，最可悲的事情就是不够了解自己，不能清楚地认知自己。我们需要拥有全面认识自己的能力。如果我们没有真正地认识自我，将导致内心自负或自卑等心理，最终这些负面的心理会影响到我们一生的发展。

不斗气，用精神胜利法安慰自己

阿 Q，本来只是鲁迅先生笔下所描绘的一个人物，但在现实生活中，人们越来越发觉自己需要阿 Q 精神，于是，越来越多的阿 Q 出现在我们身边，甚至我们自己也成为了阿 Q。对于阿 Q 精神，人们总是分为两个派别：有些人觉得阿 Q 精神是民族的一种劣根性，是中国传统遗留下来的祸根；而有的人却觉得阿 Q 精神自有它的积极性，生活中正需要这样的精神。在这里，我们对阿 Q 精神不作任何评价，只是将其积极的方面当作我们学习的对象，至于它是否带有民族的劣根性，那不是我们在这里要思考的问题。在阿Q身上，有一个引人注目的特点："在任何挫败或生气时都会以虚幻的胜利感来安慰自己或欺骗自己。"由此而延伸，人们将这一种情绪调节法称为"阿Q的精神胜利法"。在生活中，如果我们经常斗气，是很有必要学习"阿Q精神胜利法"的，学习阿Q，即便遇到再生气的事情，也要懂得安慰自己，让自己活得更逍遥。

◎ 以他人为鉴

在《三国演义》里，有众人皆知"诸葛亮三气周瑜"的故事：

赤壁之战结束后，孙刘两家均欲取荆襄之地，如此一来，才能据长江之险，与曹操抗衡。刘备屯兵在油江口，周瑜知道刘备有夺取荆州的意思，便亲自赶赴油江与刘备谈判。谈判之前，刘备心中忧虑，孔明宽慰他说："尽着周瑜去厮杀，早晚叫主公在南郡城中高坐。"后来，周瑜在攻打南郡时付出了惨重的代价，不仅吃了败仗，自己还身中毒箭，尽管周瑜最终还是将曹仁击败。可是，当周瑜来到南郡城下时，却发现城池已经被孔明袭取，周瑜心中十分生气："不杀诸葛村夫，怎息我心中怨气！"

周瑜一直想夺回荆州，先后与刘备谈判均无结果，这时，刘备夫人去世，周瑜便鼓动孙权用嫁妹之计将刘备诱往东吴，伺机杀之，继而夺取荆州。没想到此计又被诸葛亮识破，将计就计让刘备与孙权之妹成了亲。到了年终，刘备依孔明之计携夫人几经周折离开东吴，周瑜亲自带兵追赶，却被关羽、黄忠、魏延等将阻拦。追到河边，蜀军齐声大喊："周郎妙计安天下，赔了夫人又折兵！"这次，周瑜气得昏厥过去。

过了一段时间，周瑜被任命为南郡太守，为了夺取荆州，周瑜设下了"假途灭虢"之计，名为替刘备收川，其实是夺荆州，不想再次被孔明识破。周瑜上岸后不久，就有大队人马杀过来，言道"活捉周瑜"，周瑜气得箭疮再次迸裂，昏沉将死，临死前长叹："既生瑜，何生亮！"

周瑜才能过人，但终因自己心胸狭窄，在诸葛亮的"攻心"之计下被活活气死。或许，周瑜至死都不知晓精神胜利法的存在。同样是拥有卓越才华的司马懿，却善于化解对自己不利的局面，即使诸葛亮派人给司马懿送去了"巾帼女衣"对其进行羞辱，司马懿却并不生气，反而笑着对下面的人说"孔明视我为妇人焉"，若无其事，丝毫不受影响。

在未庄，阿Q是一个极其卑微的人物，然而在他看来，整个未庄的人都不在自己的眼里。赵太爷进城了，阿Q并不羡慕，还说出了自尊自大的话来："我的儿子将来比你阔得多。"阿Q进了几回城，变得十分自负，甚至，有点瞧不起城里人。遇到别人嘲笑自己头上的癞头疮疤时，阿Q也不生气，反而以此为荣，笑着回答："你还不配。"

遇到与别人打架的时候，如果是自己吃亏了，阿Q也不生气，心想："我总算被儿子打了，现在世界真不像样……"于是，本来愤愤不平的心理也得到了宽慰，以胜利的姿态回去了。赌博赢来的钱被人抢走了，阿Q也不气恼，如果没有办法摆脱"闷闷不乐"，他就自己打自己，这样感觉被打的是"另外一个"，这样，阿Q在精神上又一次转败为胜。

精神胜利法就如同麻醉剂，让阿Q一次次摆脱内心的烦恼，变得无比的快乐，即便在别人看来他是如此穷困潦倒，但他依然活得很逍遥自在。阿Q依然是阿Q，面临绝望的物质困境，唯有用精神胜利法来安慰自己。

》明自我得失

孔子曾这样评价自己的得意门生颜回："一箪食，一瓢饮，居陋巷，人不堪其忧，回也不改其乐。"颜回以求道为乐，他获得了其乐融融的生活。虽然，阿Q与颜回相差十万八千里，但是，他们有一个共同的特点，他们都游刃有余地掌握了快乐的哲学，不斗气，不气恼，哪怕遇到了再大的事情，却依然懂得安慰自己，所谓的"自欺欺人"，其实也是阿Q精神的一种。

不做傻瓜，斗气是在惩罚自己

生活中，那些喜欢斗气、经常斗气的人是傻瓜，只有那些时刻保持好心情的人才是真正的智者。当然，斗气的理由都是千差万别的，可能是受到了别人的冷嘲热讽、受到了别人的辱骂、受到了别人的欺骗等。但斗气的结果却是大同小异，斗气所带来的恶劣情绪会挑拨内心的冲动，冲动的结果就是很容易做错事情。一个人在斗气时就好像是在喝酒一样，一旦喝下了第一杯，就会一杯接着一杯喝下去，最后，越喝越醉。那些经常斗气的人愚蠢地陷入了生气的旋涡，直至被旋涡所淹没。斗气是一种最具破坏性的情绪，不仅伤害自己，而且很容易殃及旁人，它给人们所带来的负面情绪可能远远地超过了我们的想象。一个人在斗气时，他的行为都是极其愚蠢的，都带着冲动的痕迹，虽然，在斗气的那一瞬间，内心是很舒畅的，但后果却要由我们自己去买单。所以，别做斗气的傻瓜，保持好心情才是真正聪明。

》以他人为鉴

从前，有一个妇女，她心胸狭窄，总是为一些小事斗气，每一次斗气，她都没有办法控制自己。长此以往，妇女的脾气变得越来越坏，为了改掉自己的坏毛病，妇女向一位大师求助。见到大师，妇女就把自己的苦恼一股脑儿全倒了出来，大师听了，一句话不说，把妇女带到了一个封闭的柴房里，然后把大门锁了。妇女气得破口大骂，她一个人在漆黑的屋子里骂了很久，但是没有一个人来理会她。妇女骂累了，她想到自己无论骂多久都没用，就又开始哀求大师开门，但是大师还是无动于衷。

后来，妇女沉默了，大师才来到了门外，问道："你还生气吗？"妇女回答说："我气的是我自己，我真是瞎了眼，怎么会到你这种地方来受罪。"大师眼睛看着远处，说道："连自己都不原谅的人怎么能心如止水？"说完，拂袖而去。过了一会儿，大师又来了，问道："还生气吗？"妇女回答说："不生气了。"大师追问："为什么？"妇女无奈地回答："气也没有用呀。"大师点点头，说道："但是，你的气并没有真正的消失，那团气还压在心里，一旦爆发将会更加剧烈。"说完，大师又离开了。

大师再次来到门前，妇女主动告诉大师："我不生气了，因为这根本不值得。"大师笑着说："还知道值得不值得，可见你心中还有衡量，还是有气根。"妇女不解，问道："大师，什么是气？"这时，大师打开了房门，将手中的茶水洒在地上，妇女想了很久，恍然大悟，向大师叩谢而去。

当别人犯了错，或者得罪了自己，斗气并不能真正地解决问题，斗气的结果只会让事情变得越来越糟糕。而且，斗气并不是一件好事情，反而对自己身心不利。斗气，你所伤害的只是自己，你自己在生气或者闹情绪，估计那个始作俑者还在那里开怀大笑，这样想来，斗气是一件更加不值得的事情。

古代有位老禅师，一天晚上，禅师在院子里散步，突然看见墙角边上有一张椅子，他一看就知道有位出家人违反寺规越墙出去玩了，老禅师没有声张，而是走到墙边，移开了椅子，就地蹲下。不一会儿，果真有一个小和尚翻墙过来，黑暗中踩着老禅师的脊背跳进了院子里。小和尚双脚着地的时候，才发觉刚才踏的不是椅子，而是自己的师傅。顿时，小和尚惊慌失措，张口结舌，但是，出乎意料的是，师傅并没有严厉责备他，而是关切地说："夜深天凉，快去多穿一件衣服。"

当我们都认为老禅师会为弟子出去玩耍而生气的时候，没想到他依然心情很平静，在这个时刻，他所惦记的依然是弟子的身体状况。当然，我们可以说这是一种特别的教育，老禅师深知如果自己严厉责备，弟子暂时会听话，但转眼还是会犯同样的错误。不妨拿出自己的好心情，原谅其过错，将自己的责备化为温情的关怀，这样一来，弟子在禅师平心静气的教导下，意识到了自己的错误，并下定决心改正错误。

明自我得失

斗气，从来都是愚蠢者所做的事情，也只有那些头脑简单的人才会选择"斗气"这样不值得的行为，并让自己的身心受到伤害。智者则不一样，他们深知即便斗气也挽回不了什么，何必自寻烦恼呢？生活中的我们，千万不要做斗气的傻瓜，学会做一个不斗气的智者吧！

第08章
别跟自己过不去，与自己斗气的人是傻瓜

在生活中，有的人习惯于自己生自己的气，在他们看来，自己身上总是有那么多不如意的地方，于是，埋怨自己，贬低自己，最后变得自暴自弃。实际上，那些自己跟自己生气的人是愚蠢的，人生在世，我们要善待自己，而不是总和自己较劲。

欣赏自己，自信的人不和自己斗气

子曰："不患人之不知己，而患人之不己知。"对于一个人来说，最值得担心的事情就是自己不够了解自己，不懂得欣赏和肯定自己，因为有时候一些莫名其妙的斗气其实是源于内心的自卑。内心自卑，却又追求完美的人习惯了对自己的挑剔，总是觉得自己这里不完美，那里不如意，而这也成为他们自己跟自己斗气的理由。他们常常会自言自语："如果我再瘦一点就好了""要是我的皮肤再白一点就完美了"。然而，生活哪里会有"如果"，最终，他们的心理会陷入一个恶性循环的过程：在欣赏自己的同时，否定自我，最终将自己否定得一无是处。因此，我们更需要学会欣赏自己，相信自己，因为自信的人是从来不和自己斗气的。

》以他人为鉴

林黛玉刚刚进荣国府的时候，对她就有一句评语："心较比干多一窍。"后来，林黛玉看到史湘云挂了金麒麟，宝玉最近也得到了一个金麒麟，林黛玉便开始生气："便恐就此生隙，同史湘云也做出那些风流佳事来。"于是，林黛玉便去偷听，结果却听到了宝玉厌烦史湘云劝他留心仕途经济的话,宝玉说:"林妹妹不说这样的混账话,若说这话,我也和他生分了。"黛玉听到这样的话,"不觉又惊又喜,又悲又叹。所喜者,果然眼力不错,素日认他是个知己。所惊者,他在人前一片私心称扬于我,其亲热厚密,竟不避嫌疑。所叹者,你既为我之知己,自然我亦可为你之知己,既你我为知己,则何必有金玉之论哉;既有金玉之说,亦该你我有之,则又何必来一宝钗哉!所悲者,父母早逝,虽有刻骨铭心之言,无人为我主张。况近日每觉神思恍惚,病已渐成,医者更云气弱血亏,恐致劳怯之症,你我虽为知己,但恐自不能久持;你纵为我知己,奈我薄命何!"

有一次看戏,大家都看出那个演小旦的有点像林黛玉,只是都不肯说,史湘云却是快人快语,一下子就说了出来,林黛玉感觉自己受辱了,马上就生气了。怕黛玉生气,宝玉使眼色给史湘云,本来宝玉是一片好意,黛玉却是更加生气。

后来,黛玉说起宝琴来,想到自己没有姊妹,不免心中悲戚,又哭了,宝玉忙劝道:"你又自寻烦恼了,你瞧瞧,今年比去年越发瘦了,你还不保养,每天好好的,你必是自寻烦恼,哭一会儿,才算完了这一天的事。"黛玉拭泪道:"近来我只觉得心酸,眼泪却好像比旧年少了些的,心里只管酸痛,眼泪却不多。"宝玉说道:"这是你平时哭惯了心里疑的,岂有眼泪会少的!"

林黛玉自己也明白，自己的病是因性情所起，但是，她却没有为之做出改变，真是令人叹息。虽然，林黛玉各方面条件都不差，但是，父母都已经不在人世，自己又寄人篱下，心中未免有点自卑，这成为她产生怨气的根源。在林黛玉身上所体现出来的特点是：既才华出众，却又多疑多惧，甚是自卑。很多时候，她不懂得欣赏自己，自然就没有办法快乐起来，越是跟自己斗气，心病也就越来越重。

有一个衣衫不整、蓬头垢面的女孩，她长得很美，不过却总是满脸怒气。有人跟她聊天，她也显得心不在焉，聊天的人都沉默了。有一天，一位心理学家惊讶地问她："孩子，你难道不知道你是一个非常漂亮、非常好的姑娘吗？"

"您说什么？"姑娘有些不相信地看着对方，美丽的大眼睛里噙满了泪水，更多的是惊喜。原来，在生活中，她每天所面对的都是同学的嘲笑、母亲的责骂，在这样的环境中，她已经失去了自信，而自卑则成为了她斗气的根源。

》明白我得失

哲学家黑格尔说："世界精神太忙碌于现实，太驰骛于外界，而不遑回到内心，转回自身，以徜徉自怡于自己原有的家园中。"世界上没有两个完全相同的人，每个人都是独立的个体，在我们身上有许多与众不同的甚至优于别人的地方，这是每一个人值得骄傲的地方。我们完全有理由肯定并欣赏自己，这会有效地提升我们的自信，同时，也会彻底清除我们内心的怒气和怨气，从此自己不再跟自己斗气。

有这样一句话："人活着，或许有不少人值得欣赏，但你最应该欣赏的应该是你自己。"不管我们自己身上有着什么样的缺点，都不要自卑，更不要嫌弃自己，我们应该变得自信起来，以一种欣赏的眼光来看待自己，因为这个世界更需要一份独特的美丽。

少一点比较，做独一无二的自己

在生活中，我们常常会痴迷于"比较游戏"，我们总是会说"某某家里真有钱，哪像我的家里啊，穷得连一件电器都买不起""某某真是有福气，找了一个这么好的老公，哪像我嫁了一个没用的男人"。原以为"比较"只是表达了羡慕，殊不知，越是比较，越是觉得自己处处不如别人。于是，在比较之中，自己变得越来越自卑起来。

然后，烦恼就产生了，在比较之后，他们开始挑剔自己的生活，将自己生活中不如意的事情与别人的幸福相比，无论怎么比较，他们都会觉得自己不如别人。如果说在比较之前，他们还能安心地生活，那在比较之后，他们已经无法静下心来好好生活了，他们一天只会沉浸在"比较"带来的失衡心理中，痛苦、自卑在心中无限地反复，直至自我堕落。当然，我们一点也不否定"适当比较"可以促进一个人进步，但若是"比较"太多，则会令一个人陷入"比较"的痛苦之中。所以，在生活中，我们还是少一点"比较"，学会做独特的自己，因为你本来就是独一无二的。

》以他人为鉴

一位学者到了风烛残年的时候，感觉到自己的日子已经不多了，他想考验和点化一下自己那位看起来很不错的助手。于是，他把助手叫到床前说："我需要一位最优秀的传承者，他不但要有相当的智慧，还必须有充分的信心和非凡的勇气……这样的人直到目前我还没有见到，你帮我寻找和发掘出一位，好吗？"助手坚定地回答说："好的，好的，我一定竭尽全力去寻找，不辜负您的栽培和信任。"

于是，这位助手就开始想尽一切办法来为老师寻找继承人，然而，每次他领来的人都被学者婉言拒绝了。有一次，已经病入膏肓的学者挣扎着坐起来，拍着助手的肩膀说："真是辛苦你了，不过，你找来的那些人，其实还不如你……"半年之后，眼看学者就要告别人世，但最优秀的继承人还是没有找到，助手十分惭愧，泪流满面地对老师说："我真对不起您，令您失望了！"学者叹息着说道："失望的是我，对不起的却是你自己……本来最优秀的人就是你自己，只是你不敢相信自己，总是与他人相比较，才把自己给忽略、给耽误、给丢失了……其实，每个人都是最优秀的，差别就在于如何认识自己、如何挖掘和重用自己……"话还没有说完，学者就永远离开了这个世界，而那位助手一辈子都活在了深深的自责之中，认为自己辜负了老师的期望。

在上面这个故事中，那位助手不敢相信自己，在学者面前，他总是"谦逊"地表示"别人比我更优秀"。而他之所以产生这样的想法，也是源于内心的不自信，最终辜负了老师的期望。其实，生活中的我们，就好像那位学者所说"每个人都是最优秀的，差别在于如何认识自己、如何挖掘和重用自己，而不是沉浸在比较的游戏之中"。

约瑟芬在中学的时候，成绩还不错，每次考试都是前十名。但面对这样的成绩，约瑟芬总是不满意，他天天与班里那些成绩更优异的同学比较："他数学总是满分，为什么我总会丢几分呢？""他家里很穷，成绩却这样好，我家里条件还不错，成绩却不如他好"。约瑟芬沉迷于这样的比较，越是比较，他越是难以自拔，越是比较，他自己的成绩越是下降。后来，他直接从前十名跌到了倒数。面对这样的约瑟芬，老师说："你已经无可救药了。"对此，约瑟芬觉得很沮丧，他觉得自己这辈子也不会有什么出息了。

有一天，班里来了一个著名的学者，老师神秘地点了5个同学的名字，其中包括了约瑟芬。约瑟芬感到十分紧张：难道自己又要受批评？来到了办公室，那位著名的学者讲话了："孩子们，我仔细研究了你们的档案和家庭以及现在的学习情况，我认为你们5个人将来会成大器的,好好努力吧。"约瑟芬感到一阵眩晕,以为自己听错了,可是,看着在场人的表情,约瑟芬知道这是真的。原来自己与那些成绩优秀的人是一样的,约瑟芬的成绩很快就上来了,再也没有人说他是无可救药的了。

在学习生活中,约瑟芬常常与那些所谓的尖子生比较,结果,越比较越泄气,内心的怨气让他开始"破罐子破摔",而这样的行为和观点正是通过比较而得出来的。直到遇见那位学者,约瑟芬才发现原来自己跟那些成绩优异的人并无两样,这样想来,他变得无比自信起来,成绩自然也就上升了。

❯❯ 明自我得失

生活中,每个人都是独一无二的,我们应该对自己充满自信,如果你只是沉迷于比较的游戏,那表示你内心对自己还是缺乏自信。所以,相信自己,少作比较,因为你就是这个世界最独特的,同时也是最耀眼的。

不要后悔自责,谁也不能预知未来

生活中,即使自己对未来做了错误的估计,也不要自责,不要后悔,因为谁也无法预知未来。很多时候,当我们做好了充分的准备,却不料有意外的情况发生,在这样的情况下,事情难免会出现一些纰漏或错误,甚至整件事情都会变得更加糟糕。面对这样的情况，那些对自己严格要求的人会比较自责，后悔自己当初所作出的决定，他们的时间和精力都耗费在后悔与自责上，而对于事情的既成状态，他们竟然毫不理会。在这里，我们只想说，当事情已经成为了既定的状态，后悔与自责都是没用的，因为没有一个人能回到过去，我们所能做的就是想办法解决问题，力求将损失降到最低。后悔与自责无异于自己跟自己斗气，这对事情的进展是毫无帮助的。

后悔与自责会成为一个恶性循环，有的人因对未来的设计与打算有了失误而后悔，后悔之后又是自责，然后愈加懊恼，如果这个人永远解不开心结，那他的余生都将在后悔与自责中度过。不论是后悔，还是自责，那都是自己跟自己斗气，自己跟自己过不去。因为你所后悔的事情已经发生了，这个世界是没有后悔药的，你越是后悔，越是置自己于痛苦的深渊中。自责更是一种自我折磨的行为，无限制地责备自己，好像自己真的成为了世界上最大的罪人，越是自责，越是痛苦。但是，事情的结果呢？后悔与自责都不能将时光追回来，更何况那些对未来的估计本来就是一种猜测，我们谁也保证不了未来会怎么样，谁也不能预料到未来会发生什么。

❥ 以他人为鉴

老陈一家六口居住在七八十平米的小房子里，上有两位老人，下有两个小孩，虽然条件并不算最差，但老陈对自己的现状还是不满意。个性偏执的他总是在后悔、自责，责怪自己当初为什么不咬牙买下大一点的房子。

原来,早在两年前,老陈夫妻起早贪黑做点小生意攒了一笔钱,在这个小城市,很容易就可以购买大一点的房子。当时,就连妻子都在盘算着买房子需要多少钱,装修需要多少钱。但老陈自以为眼光很独到,他觉得房子的价格还会稍微降一点,过一段时间再买,自己就可以多存一点钱。可没想到,两个月之后,房价直线上升,老陈天天关注新闻报道,看到自己之前看过的房子现在竟然卖到了天价,顿时,他肠子都悔青了,觉得自己真是失算啊!如果当初买过来,即便不买来住,那自己现在不也从中赚了一笔钱了吗?老陈越想越生气,后悔、自责、悲伤,各种情绪涌上心头,竟然病倒在床上,躺了三天三夜。

让老陈更恼气的事情还在后面,房价从此一直飙升,本来老陈的积蓄可以买一套好一点的房子。但按照现在的房价算下来,自己连郊区的房子都望尘莫及了,更别说昂贵的装修费了。老陈天天跟自己恼气:"如果当初我能买下房子,该多好啊,现在我们一家已经住进大房子了,可怜我现在这点钱,干什么都无指望了……"他很是自责,更是后悔自己当初的决定,就这样,老陈在这种悔恨交加的情绪中迅速苍老了。

房价的陡然上升,是老陈根本预料不到的事情,而房价上涨之后对自己积蓄的影响,这也是必然的事情。但老陈总觉得是自己当初错误的决定,才使得现在一家人还是挤在小房子里，而手头的积蓄也难以再买到好一点的房子了。越是这样想，他越是生自己的气，就这样，在后悔与自责的情绪中，他慢慢苍老了，而他们一家人还是住在拥挤的房子里，一点都没改变。

❥ 明白我得失

对于已经因错误估计而发生的意外情况，我们已经没有办法挽回了，再多的悔恨和自责都没有用。我们所能做的就是如何将糟糕的情况变得稍微好一点，降低预料之外的风险带来的破坏性，这样对弥补损失才会有更多帮助。花时间与自己斗气，不断地自责和后悔，这都是极其愚蠢的行为。所以，在生活中，如果我们对未来做了错误的估计，不要后悔，不要自责，因为未来是谁也预料不到的。

善待自己，别总是和自己较劲

在生活中，我们需要善待自己，认同并欣赏自己，而不是总是与自己较劲。善待自己，其实是一种自我解脱，了解自己的优点和缺点，会让你对生活有更深刻的认识，在任何情况下，心理都会保持相对的平和，对于自己的某些缺点能够坦然面对，这样才能活出大气的人生。然而，在现实生活中，有的人总是不能够善待自己，他们总是纠结于自己身上的某些缺点，总觉得自己不够完美。结果，在这种心理状态下，他就逐渐变得自卑起来，而且往往会自寻烦恼，甚至造成难以挽回的悲剧。所以，在生活中，我们要学会善待自己，不要与自己较劲，要学会欣赏自己。

》以他人为鉴

波波拉是位女教师，她一直很不满意自己的长相，她觉得自己哪儿看起来都不顺眼，在经过一番心理挣扎之后，她决定去整容。整形医师仔细打量了她的五官，认为她长得并不难看，关键问题在于波波拉内心的失衡，她低估了自己的长相。在波波拉的强烈坚持下，整形医师还是为她动了手术，不过只是稍微改善了她的五官，比她自己所要求的要少很多。

手术之后，波波拉显得很不高兴，她一边打量镜子中的自己，一边埋怨："你并没有对我的面孔做太大的改变。"整形医师解释说："你的面孔本来就只需要稍作改善，问题是你使用面孔的方式错了，你把它当作一个面具，用来遮掩你的真实感觉。"波波拉低下头："我已经尽自己最大的努力了。"医师没有说话，只是默默地看着她，波波拉沉默了许久，才说道："每天我到学校去的时候，就像戴了张面具，尽量表现出自己最好的一面，我认为自己不够好，我把所有的感情全部隐藏起来，只留下我认为正确的一部分。但是，令我难过的是，在我三年的教学生活中，孩子们总是嘲笑我。"

整形医师微笑着说："孩子们嘲笑你，是因为他们已经看出你一直在演戏，他们了解你已经自我失衡。其实，作为一名教师，并不一定要使自己表现得十分完美，偶尔也可以表现得愚蠢一点，这样孩子们就会尊重你了。记住，你就是你，不需要改变自己的容貌，而需要调整自己的心态，学会善待自己，不要总是跟自己较劲。"波波拉接受了医师的建议，从那时候开始，她再也不去在意自己的容貌，而是完全地接纳自己，最后，她成为了孩子们最喜欢的老师。

》 明自我得失

自己看自己不顺眼，自己找气生，这都是自己在跟自己较劲。这时我们需要给自己的心灵寻找出路，从内心深处接纳自己，让自己与心灵融为一体，这才是真正地善待自己。有时候，自己与自己较劲的根源并不在于外在因素的影响，或者自己身上的某些缺点，而是源于自己内心的阴霾，人们总是羡慕别人，总是觉得自己哪里都不对劲，于是，烦恼就产生了。长此以往，会造成严重的后果。

一群研究生曾向心理学家请教：你怎么解释"烦恼都是自己找来的"呢？心理学家微笑着不说话，一会儿，他从房间里拿出了20多个水杯摆在茶几上，杯子各式各样，是不同的材料制成的，有的是玻璃杯，有的是塑料杯，有的是瓷杯，有的是纸杯，有的杯子看起来很高贵，有的杯子看起来很粗陋。

心理学家开始说话了："你们都是我的学生，我就不把你们当客人看待了，你们要是渴了，就自己倒水喝吧。"这天正值天气闷热，大家便纷纷拿了自己中意的杯子倒水喝，当学生们都拿起了杯子，心理学家说话了："大家有没有发现，你们挑去的杯子都是比较好看、比较别致的，像这些塑料杯和纸杯，都没有人拿。其实，这就是人之常情，谁都希望手里拿着的是一只好看一点的杯子，但是，我们需要的是水，而不是水杯，所以说，杯子的好坏，并不影响水的质量。"接着，心理学家解释道："想一想，如果我们总是有意或无意地把心思用在了类似选杯子这种琐碎的事情上，甚至用在攀比上，那么，烦恼自然而然就来了。"

生活中，许多人的烦恼、郁闷都是自找的，本来没有烦恼，或者说原本就不是烦恼，但由于内心对自己的苛责，不自觉地把一切事情都当作烦恼。所以，请善待自己，接纳自己，抛弃心中的烦恼，不要自己跟自己较劲。

人非圣贤，允许自己犯错

生活中，我们既是独特的，又是不完美的，因为在这个世界上，并不存在十全十美的人。所谓"金无足赤，人无完人"，同样，我们也会犯错、也会嫉妒、也会口无遮拦、也会在某个路口走错路，这都是容易理解的。对于自己无意或有意犯下的错误，我们应该选择原谅，而不是纠结其中，更不要陷入无休止的自责之中。我们并不是圣贤，应该允许自己犯错，只要能及时地改正错误，那就是值得庆幸的事情。一个人总是有犯错的时候，谁也不能保证自己就是完美无缺的，许多人难以忍受自己的错误，他们总是会苛责自己，甚至不能原谅自己所犯下的错误。即便他人已经原谅自己了，但自己还是会陷入深深的自责之中，整个人变得萎靡不振。在这样的过程中，我们都忘记了，不犯错误的人是不存在的，既然这样，我们为什么要苛责自己呢？

以他人为鉴

约翰尼·卡特是著名的歌手，谁曾想他过去也犯过一次错误呢。在约翰尼·卡特的事业蒸蒸日上的时候，他却感觉到自己的身体已经被拖垮了。为了保证演出，每天，他需要借助安眠药才能入睡，还需要服用兴奋剂来维持第二天的精神状态。

后来，卡特的坏习惯越来越严重，一位行政司法长官对他说："约翰尼·卡特，今天我要把你的钱和麻醉药还给你，因为你比别人更明白你能充分自由地选择自己想干的事，这就是你的钱和麻醉药，你现在就把这些药片扔掉吧，否则，你就去麻醉自己，毁灭自己，你自己作出选择吧！"那一瞬间，卡特醒悟了，然而，自己的过错能获得歌迷的原谅吗？

卡特并不知道，但是，他明白，只有自己才能原谅自己，于是，他开始戒毒，经过了长时间的坚持，他成功了，重新回到久违的舞台。在那里，他获得了所有歌迷的原谅，不过，每每说到过去的事情，卡特总不忘说一句："我可以允许自己犯错，但我更会用自己的行动告诉别人，我可以改正错误。"

既然错误已经发生了，我们需要做的就是弥补错误，改变自己，以免再犯类似的错误。卡特虽然犯下了错误，但值得庆幸的是，他并没有纠结于自己的错误，而是用行动来向人们证明"我是可以改正错误的"，并再次赢得了歌迷的喜爱。试想，如果卡特只是沉浸在犯错的痛苦之中，无心继续自己的歌唱事业，那他就真的犯下了人生的大错了，这样的他也是难以得到歌迷谅解的。

有一天，一个身材高大魁梧的人走在库法市场上，他的脸被晒得黝黑，而且，还遗留着战场上负伤的痕迹。市场里坐着一个无聊的商人，他看到那个高大的人走过来，便想逗逗他，以显示自己的搞笑本领。于是，商人将垃圾扔向那个过路人，但是，那个高大的过路人并没有因此而生气，继续迈着稳健的步伐朝前走去。

当那个人走远了以后，旁边的人对那无聊的商人说道："你知道刚才你侮辱的人是谁吗？"商人笑着回答："每天有成千上万的人从这里经过，我哪有心思去认识他呀？难道你认识这人？"旁边的人立即惊呼："你连这人都不认识！刚才走过去的就是著名的军队首领——马力克·艾施图尔·纳哈尔。"商人涨红了脸，似乎不太相信："是真的吗？他就是马力克·艾施图尔·纳哈尔！就是那个不但敌人听到他的声音就四肢发抖，连狮子见到他都会胆战心惊的马力克吗？"旁边的人再次肯定地回答："对，正是他。"商人惊恐地说："哎呀！我真该死，我竟做了这样的傻事，他肯定会下令严厉地惩罚我。"

想到关于马力克·艾施图尔·纳哈尔的传言，商人吓得心惊胆战，深深为自己的行为感到自责。他马上关了店门，整个人蜷缩在被子里，等着马力克的惩罚，可是，一天过去了，马力克没有来，一周过去了，马力克还是没有来。虽然，马力克并没有出现，但是，商人内心的恐惧却越来越重，他不能原谅自己的过错。邻居们都来劝慰："马力克将军是多么有修养的人，怎么会跟你计较呢？"商人还是摇摇头，整个人看上去既憔悴又疲惫。

商人已经陷入了自责的情绪中，即使马力克表示已经原谅了他，他自己也还是解不开那个心结，难逃自责的折磨。商人之所以无法原谅自己，是缘于内心的害怕，他不断自责之前所犯下的错误，是因为害怕受到严厉的惩罚。

》明自我得失

那些不允许自己犯错的人，其实是有着完美追求的人，他们总认为自己是完美的，容不得半点瑕疵。同时，他们也是对自己太过苛责的人，一旦自己犯了错，就不能原谅，情绪也会陷入无边无际的黑暗之中。终究，他们忘记了自己不过是一个普通人。既然避免不了犯错,那就要学会接受那个犯错的自己,允许自己犯错,不要自责,不要萎靡不振,而是学会改正错误。

摆脱悲观心态,把控健康情绪

悲观是一种比较普遍的情绪,对于生活中那些不如意的事情,我们的心情会变得悲伤,内心也会产生一些悲观的情绪。但是,许多人都没意识到悲观的危害性,可能在某些人看来,悲观没什么大不了的,又不是得了抑郁症。不过,据心理学家观察,长时间的悲观心态,会让一个人感到失望,丧失其心智,若是长时间生活在悲观的阴影里,自己也会变得郁郁沉沉。小小的烦恼,一旦开了头,就会渐渐地膨胀成多的烦恼。对于持悲观心态的人而言,那烦恼就好像是心中长了一颗毒瘤,那些生活中不如意的事情,总是让他们备受煎熬。悲观心态给我们生活带来的影响是巨大的,一个有着悲观心态的人,不管是工作还是生活,都没办法获得成功,悲观的心态会成为他们走向成功路上的绊脚石。所以,要想积极乐观地生活,我们就应该想办法摆脱悲观心态,把控健康情绪。

≫ 以他人为鉴

有两个人,一个叫乐观,一个叫悲观,两人一起洗手。刚开始的时候，端来了一盆清水，两个人都洗了手，但洗过之后水还是干净的，悲观说："水还是这么干净，怎么手上的脏物都洗不掉啊？"乐观却说："水还是这么干净，原来我手一点都不脏啊！"几天过去了，两个人又一起洗手，洗完了发现盆里的清水变脏了，悲观说："水变得这么脏啊，我手怎么这么脏？"乐观却说："水变得这么脏啊，瞧，我把手上的脏东西全部洗掉了！"同样的结果，不同的心态，那么就会有不同的感受。

拥有悲观心态的人，他们只会看到天空暂时的阴霾，却忽视了躲在乌云后面的太阳。持悲观心态的人，他看什么都会带着悲观的情绪，即便是他们到了春天的田野，他们所看到的依然是折断了的残枝，墙角的垃圾，他们总是忽视了身边美丽的风景，因此，他们的心灵永远无法收获快乐。而乐观的人则不一样，因为心怀感恩，他们总是发现生活中不经意的美，即便是残枝败叶的冬天，他们也会感受到一种萧瑟的美。

有两位年轻人到同一家公司求职，经理把第一位求职者叫到办公室，问道："你觉得你原来的公司怎么样？"求职者脸色阴郁，漫不经心地回答说："唉，那里糟透了，同事之间尔虞我诈，勾心斗角，我们部门的经理十分蛮横，总是欺压我们，整个公司都显得死气沉沉，生活在那里，我感到十分的压抑，所以，我想换个理想的地方。"经理微笑着说："我们这里恐怕不是你理想的乐土。"于是，那位满面愁容的年轻人走了出去。

第二个求职者被问了同样的问题，他却笑着回答："我们那里挺好的，同事们待人很热情，互相帮助，经理也平易近人，关心我们，整个公司气氛十分融洽，我在那里生活得十分愉快。如果不是想发挥我的特长，我还真不想离开那里。"经理笑吟吟地说："恭喜你，你被录取了。"

》明白我得失

人们总是欣赏那些乐观积极向上的人，而对那些拥有悲观心态的人采取回避的态度。并不是因为拥有悲观心态的人能力欠缺或者资历不足，而在于他们的心态不够健康。悲观者总是看不到未来和希望，因此，他们总是会生活在漫无边际的黑暗之中，即便美好的生活就摆在他们面前，他们也会视而不见，继续沉浸在一个人的痛苦之中。

悲观，是一种不健康的情绪，不仅给我们的前途带来不利的影响，而且对我们的身体也会产生巨大伤害。在生活中，那些拥有悲观心态的人，生病的概率往往比其他人高，而病愈的概率则会大大降低，因为他们总是会胡思乱想。所以，在认识到了悲观心态有如此大的危害力之后，我们应该努力摆脱悲观的心态，让自己重新掌控健康的情绪。

爱惜自己，你不可能让所有人都满意

不知道有没有人发现，在很多时候，当我们去做一件事情的时候，总会有诸多的顾虑——"爸妈会满意吗？""身边的朋友会怎么看我呢？""领导和同事怎么样看我呢？"这样多重考虑下来，最终还是决定不做了。原来，我们做事情的初衷，只是希望让所有人都满意，我们希望成为被大家认可的人。尽管，一个人生活在这个世界，最大的价值就是得到他人的认同，但是，这并不意味着我们要将这样的目标作为自己行动的束缚，我们在做任何事情的时候，总是会想"大家都满意吗？如果有人不满意，该怎么办呢？难道放弃自己喜欢的吗？"那些总是在意别人眼光和态度的人，他们会放弃自己所喜欢的，而选择让大家都满意的事情去做。但是，这样做了，自己真的会开心吗？你放弃自己行为快乐，只会换来别人的一个点头或认可，这何尝对自己不是一种残忍呢？在生活中，我们要学会爱惜自己，遵从于自己内心的决定，更应该明白，我们不可能让所有的人都满意。

以他人为鉴

王娜是同事们公认的"好人缘"，或者说她是一个从来不唱反调的人，在任何时候，她的观点都与大家保持一致。在办公室里，一个东西，只要是同事们都说"这个东西真的很好"，她就会随声附和"真的很好啊"；一件衣服，同事们都说漂亮，她也会表示"颜色十分均匀，款式也很新颖"；一份策划案，大家都说不错，她也会承认"设计比较独特，很不错"。每天，为了应付那些同事，王娜总说"好啊，这个好""不错，不错",即使心里面觉得这个东西真的不咋样,但是,为了赢得一份好人缘,以免得罪同事,王娜还是满脸笑容说:"我也觉得很不错。"

可是,每天回到了家里,王娜就开始抱怨了:"真累!搞不懂那些同事是什么欣赏眼光啊,明明那个东西没有什么用,偏偏宝贝得不得了;一件过了季的衣服,还说漂亮;策划案完全是抄袭网上的一篇文章,大家都称赞得不行了,为了应付他们,每天真的好累!"

明自我得失

其实,生活中那些所谓的"好人缘""好脾气",他们的内心都是无比痛苦的,因为他们总是在做让别人满意的事,他们不敢表露自己真实的想法。如果说那些敢于表达自己观点的人活得率真,那这些害怕表露内心的人肯定会活得很累。在他们内心,始终有一股怨气在不断地积累、膨胀,时间长了,就会令他们濒临崩溃的边缘。

事实上,每一个人都不可能让所有的人满意,满足了这个人的愿望,就难以满足其他人的喜好,难道我们总是在做被别人操控的木偶娃娃吗?难道我们从来就不敢做回自己吗?

其实,我们也是可以的,我们可以做回自己,做自己喜欢的事情,既然不能让所有的人满意,那至少应该让我们自己满意。做自己喜欢的事情,这就是爱惜自己,善待自己的一种方式,也是对自己最有益的一种生活方式。

第09章
教育不可斗气，读懂孩子心理助其健康成长

我们都知道，家庭对孩子的成长是至关重要的，家庭是孩子人生的第一所学校，家长是孩子最重要的启蒙老师。每个家长都望子成龙，望女成凤，而在教育孩子的问题上，他们显得过于急躁，孩子一旦出了什么问题，就乱了方寸，甚至与孩子斗气，以为大声呵斥就能让孩子听话。这些父母是否想过：你们要求孩子听话和了解你们的意思，但你们有没有了解过孩子的想法？沟通是要求父母主动将自己的想法向孩子表达，同时多倾听孩子的心声，做到互相沟通，互相了解。这样，才能了解孩子心中的所思所想，而后对症下药给予适当的引导，使孩子健康成长。

用耐心和智慧帮助孩子健康成长

我们都知道，家庭对孩子一生的成长是至关重要的，家庭是孩子人生的第一所学校，家长是孩子最重要的启蒙老师。父母与孩子朝夕相处，接触的时间和机会最多，父母的言行无时无刻不在影响着孩子，父母的教诲引导孩子从小走到大，对孩子今后的人生有着重大深远的意义。家庭教育作为孩子通向社会的第一座桥梁，对孩子的个性、品质和健康成长起着极其重要的作用。因此，作为家长，在教育孩子的过程中，切记不可急躁，对孩子有耐心才是智慧的教育方法。

❱❱ 以他人为鉴

一个小孩在草地上发现了一个蛹，他把蛹带回家，想看看蛹怎样化为蝴蝶。过了几天，蛹上出现了一道小裂缝，里面的蝴蝶挣扎了好几个小时，身体似乎被什么东西卡住了，一直出不来。小孩子于心不忍，就想助它一臂之力。于是，他拿起剪刀把蛹剪开，帮助蝴蝶脱蛹而出。可是，这只蝴蝶的身躯臃肿，翅膀干瘪，根本飞不起来，不久就死去了。

其实蝴蝶在蛹中的挣扎是它适应自然界的一个必经过程，

没有这段痛苦的经历，它就无法强大。由这个故事联想我们对孩子的教育，我们应该认识到教育不是一两天的事情，教育过程中遇到的问题也不是一两次就能解决的。"揠苗助长"有害，"欲速则不达"是每个家长都应该明白的道理，对孩子要有耐心，我们要学会等待，要从一点一滴做起。

当然，在教育的过程中，除了要有耐心外，还必须要运用我们的智慧。

林先生是一名物理教师，他在教育孩子这一方面很有自己的心得，他曾这样讲述自己的一次教育经历：

我的儿子上小学时，有一回因为体育活动课玩疯了，回家时候忘带了语文书，他偷偷和妈妈说，不要告诉爸爸。吃晚饭的时候，他妈妈忍不住告诉我了，我就叫他不要吃饭了，把书找回来再吃饭。他哭着叫他妈妈和他去找书，在学校找保安拿到书，回来后表情舒展了。我跟他说："个学生丢了书，就像战士丢了枪一样。"他马上就回我："战士丢了枪，鬼子来了可以躲起来啊！"我严厉地说："是的，战士丢了枪可以躲起来，那么老百姓谁保护啊？"他无言了，我又说："一个人不能忘记自己的责任啊！"

前几天孩子他妈妈去青岛开会，我和孩子两个人在家里，我发现他每天夜里都要检查煤气、检查家门。一天我因为去学校早了点儿，忘记拿牛奶了，回去以后发现孩子已经拿回家了，而且放到冰箱里，孩子长大了。

林先生对孩子进行的责任教育,并不是讲述大道理,而是从"生活中孩子丢了书本"这一事件入手,让孩子明白书本对于学生的重要性,从而让孩子明白做人必须要有责任感,后来孩子检查煤气、家门、拿牛奶等事儿,证明了林先生的教育起作用了。

》明白我得失

的确,真正会教育孩子的家长往往都能遵循孩子成长的特点,凡事耐心引导,而不是不问青红皂白,向孩子发脾气。为此,我们在教育孩子的过程中,需要做到:

- 倾听时,不打断,不急于作出评价

即使孩子的看法与大人不同,也要允许孩子可以有自己的想法。父母应考虑到孩子的理解能力,举出适当的事例来支持自己的观点,并详细地分析双方的意见。父母不压制孩子的思想,尊重孩子的感觉,孩子自然会敬重父母。

- 分享孩子的感受

无论孩子是向你们报喜还是诉苦,你们最好暂停手边的工作,耐心倾听。若边工作边听,也要及时作出反应,表达自己的想法或感受,倘若只是敷衍了事,孩子得不到积极的回应,日后也就懒得再与大人分享和交流感受了。

- 理解孩子的情绪

有时孩子也不清楚自己的情感反应,倘若大人能够表示出理解和接纳,他会有进一步的认识。譬如,当孩子知道奶奶买了玩具送给小表妹做生日礼物的时候，他也吵着要，此时大人应解释道："你感到不公平，但要知道这是给妹妹的生日礼物，你生日时奶奶也会给你礼物的。"通过这番对话，能帮助孩子了解自己，理解别人，从而变得通情达理。

- **领会孩子的话意**

婴幼儿在不开心、不满意时，就会直接用啼哭来表示。逐渐长大后，孩子也知道哭不能解决所有的问题，因此，当他不快、疑虑时，往往将自己的感觉隐藏起来。另外，孩子的语言能力尚未发展完善，不能以恰当的语句表达心中的想法。比如，当孩子生病时他会对你说："妈妈，我最恨医生。"此时你应顺着他问："他做了什么事让你恨他？"孩子若说类似于这样的话："他总是要给人打针，要人吃苦药水。"你可以表示理解地回答他："因为要打针吃药，你觉得很不好受，对吗？"这样，孩子的紧张心情会得以缓解，也会接受接下来的引导。

善于夸奖孩子，赏识教育胜过严厉训斥

对于任何一个家庭来说，孩子能否健康、愉快地成长是家庭能否幸福的重要因素之一。如何教育孩子，成为了困扰很多家长的问题。随着教育理念的更新，家长对孩子的教育也从以前的严厉批评、严格管教变成了现在的"赏识教育"，这对于

孩子来说无疑是一件幸事。哈佛心理学家威廉·詹姆士有句名言："人性最深刻的原则就是希望别人对自己加以赏识。"

有人说，孩子是父母的作品，所以，任何家长都希望自己的作品足够优秀。为了让孩子长大以后谦虚为人，并取得更大的成功，他们在孩子很小的时候就给孩子灌输这样的观点，并在教育中一味地指出孩子的缺点，去强化它，如果孩子真的认为自己有那样的问题，孩子的心灵就容易创伤。所以，为人父母的要学会中肯地指出孩子身上的缺点，多表扬孩子身上的优点，不要吝惜自己的表扬。

以他人为鉴

夏雨是个可爱的姑娘，但成绩却极差，是班级中的后进生，这令她的父母很是头疼。她的妈妈对老师说："孩子自上学以来，被老师留下是常有的事。为了她的学习，我放弃了工作，每天检查作业，辅导她，还是很差，我早就对她没信心了。我很失败，我教一个孩子都没教好。您教这么多学生，对夏雨这么关注，我们很感谢您。"

孩子是一个家庭的未来，老师望着夏雨妈妈一脸的无奈，恻隐之心油然而生，说道："夏雨其实一点也不笨，只是对学习没有产生兴趣，自觉性差些，我们的教育方法不适合她，我想只要家长和我们都能肯定她、鼓励她，她会进步的。"听了老师的话，夏雨的妈妈仿佛一下子看到了希望。

后来，妈妈开始对女儿实行赏识教育，孩子回家后，她即使再忙,也陪孩子一起做作业,并鼓励她:"乖女儿,你的字好像越写越好了,后面的如果也像这样,该有多好!妈妈相信你能从始至终都写好的。"夏雨听着,露出了惭愧又充满信心的表情。

除此之外,夏雨的妈妈在孩子遇到学习中的问题时,也会将心比心地说:"你会做这么多道数学题已经很不错了,妈妈那时候,做数学测验,一百道题只能答对三十题。"

后来,当妈妈再次去学校开家长会时,老师对她说:"夏雨现在学习很努力,上课经常主动发言呢!课堂上总能够看到她高举的小手了,耳目一新的发言,让同学们对她刮目相看了,课间她不再独处了,座位边也围上了同学。"听到老师这么说,妈妈很是欣慰。

从这则教育故事中,我们认识到:我们家长一定要好好运用"赏识"这件法宝,不要认为孩子做好了学好了是应该的事而疏于表扬,渴望被人赏识是人的天性。心理学家曾经做过一个关于"孩子最怕什么"的调查,结果表明:孩子最怕的不是生活上苦、学习上累,而是人格受挫、面子丢光。孩子是处于生理、心理变化关键时期的特殊群体,他们尚未形成独立的自我意识,非常在乎他人对自己的看法。因此,对孩子进行"赏识教育",尊重孩子、相信孩子、鼓励孩子,不仅可以及时发现他们身上的优点,挖掘隐藏在他们身上巨大的、不可估量的潜力,而且能够拉近家长和孩子的距离,从而促进孩子的健康成长。

明自我得失

很多家长说，我该怎么夸孩子呢，总不能一天到晚说"好啊，乖啊"。这里就要谈到赏识教育的中心话题了，鼓励孩子，让孩子在"我是好孩子"的心态中觉醒，同时一定要注意表达的方式和内容。具体来说，你的赏识必须满足两个要求：

● 赏识要发自内心

对于孩子的赏识一定要是发自内心的，而不是虚伪的。你可以不直接表达你的赞赏，比如，你可以说："红红，你这条裙子哪里买的呀，我也想给我家安安买一条呢，却一直没见到，回头你能不能带我去？"你这样说，她也会觉得自己的衣服很好看，觉得自己的眼光得到了别人的肯定，你没有直接夸奖，但效果达到了。不要认为孩子是可以随便哄哄的，假惺惺的夸奖是会被他们识破的。

● 表扬不要附带条件

有些家长虽然也认识到了赏识教育的重要性，但却担心孩子会骄傲，于是，他们常常会在表扬后还加上一些附带条件，比如说"你做这件事很对，但是……"这类家长认为这样会让孩子更有心理承受能力，更能接受教训，其实，孩子最害怕这类表扬，他们会以为你的表扬是假惺惺的。因此，你千万不要低估孩子的智商，他们是能听出你的话中话的。

对于孩子的表扬最好是具体的，比如"真乖，今天你开始自己学会叠被子了""我听李阿姨说你今天主动跟她打招呼了，真是个懂礼貌的孩子"。

父母要与时俱进，和孩子建立友谊

时代在发展，社会在进步，现代家庭中的教育，已经不像从前那么简单了，作为家长，若想获得家庭教育的成功，首要的是更新家庭教育思想和观念。每个时代有每个时代的家庭教育观念，然而 21 世纪的家长为什么会在家庭教育中产生困惑？主要是现在社会变化太快了。现在我们应该把子女当作朋友，当作一个与家长有平等关系的生命体。为此，我们必须抛弃"天下无不是的父母"这种陈腐的观念。

要和孩子做朋友，就必须与时俱进，了解你的孩子在想什么，只有了解孩子才能和他们有共同语言。如果被问到"你了解你的孩子吗？"可能有的家长会说："我的孩子，我能不了解吗？"曾经有人做过一次调查，设计了一些问题：你的孩子最喜欢做什么？他最崇拜谁？曾经哪件事最打击他？

父母与孩子都写下这些问题的答案，然后彼此对照一下，结果发现，没有一位父母能回答对一半以上的问题。

的确，我们很多父母，他能记得孩子每次的考试成绩，记得孩子喜欢吃的食物，但就是弄不清孩子崇拜的偶像是叫迈克尔·乔丹还是迈克尔·杰克逊,他到底是喜欢打篮球还是踢足球。努力和孩子建立共同的爱好,了解孩子、懂孩子,孩子才有和你交流的兴趣和欲望。

以他人为鉴

最近,林女士和她上初中的儿子关系闹得很僵,她只好请自己做老师的朋友刘老师来调解。

这天,刘老师来到她家,单独见了她的儿子。这个大男孩上小学时参加过刘老师组织的夏令营,对刘老师很热情,也很乐意和她聊。

"我妈对别人客客气气,对我却总是大发脾气。每天我妈下班一回来,我打开门,只要见她脸拉得老长,我便立刻跑回自己的房间,把门关紧,省得挨骂。"说着儿子举出几件实例。

"你妈也不容易,她在单位是领导,操心的事不少,她回家又要做饭、照顾你,够累的,爱发脾气可能是到了更年期……"

"更年期?"没等刘老师讲完,男孩就迫不及待地接过话头,"自打我上学,我妈脾气就这么坏,更年期怎么这么长?您给我来个倒计时,更年期哪天结束?我也好有个盼头!"

刘老师忍不住笑起来。她很同情这个男孩,事后她对林女士说:"我们不能怪孩子不理解我们,我们也该改变改变自己了,尽管改变自己不容易。平时,我们很在乎满足孩子的物质需求,注重对孩子生活上的照顾,却忽视了孩子内心情感世界,特别是忽略了自己在孩子心目中的形象定位。"

林女士听到儿子对她的看法，说了句："如今当父母真难，我们小时候哪有那么多事！"可她还是答应要改变自己对孩子的态度。

❯❯ 明白我得失

的确，从这个案例中，我们看到了，在新世纪要做好父母、教育好孩子真是不容易。

的确，时代在变化，今天与昨天不同，今天与明天也会不同。作为父母，我们都能感受到现代科技发展给我们生活带来的变化，更何况是人生才刚刚开始的孩子？很明显，那些旧环境下的教育模式，已经明显不适应新时代的需求了。

因此，作为父母，我们不妨学着在孩子面前"化化妆"——用新知识，新技能包装自己；"演演戏"——每天花上几十分钟，学点新知识，设计一些"脚本"，用自己的行为影响孩子，用新鲜的话题引导孩子。

做父母的首先要注意沟通的方式方法。先反思一下：您是否唠叨？您与孩子的话题是否永远都是学习、听话之类的？您是不是经常暗示孩子一定要考上大学？您是否发现，孩子越来越不愿意和您交流？您的孩子是不是觉得您越来越"土"？之所以请您反思，是因为孩子在长大，或多或少会表现出逆反心理，我们越是要求他们，他们越不听。最好的做法是改变我们自己的做法，打开与孩子交流之门，缩短与孩子的心灵距离。

孩子们天天在用现代化的眼光审视我们，这就逼迫我们去学习新东西，督促我们朝现代化靠近！呆板的、单一的、简单的家庭教育已经行不通了，父母要在人格魅力、学识素养等各方面得到孩子的敬佩与爱戴。在21世纪，"变"是唯一不变的真理，变是常态，不变是病态。因此，作为21世纪的父母，我们不妨改变一下自己，用"21世纪的尺子"来量量自己，让自己学点新知识，变个新形象，努努力，当好"现代父母"！

给予孩子话语权，让他们诉说心声

可怜天下父母心，所有的父母都爱孩子，但不是所有的父母都能走进孩子的心灵，都能与孩子进行愉快的沟通，很多亲子间的矛盾就是这样产生的。之所以造成这样的结果，主要是因为很多父母没有认识到孩子是一个独立的生命体，而不是自己生命的延续。我们很多家长，潜意识中把孩子看成是自己的附属品，甚至是替代品，在沟通中，也就无意识地剥夺了孩子的话语权。

家长漠视孩子的感受，不给他们发言权，时间一长，孩子就会自动放弃争取自己的权利。这些孩子会变得听话，但同时，也会变得懦弱。而那些尊重孩子的父母，在孩子很小的时候，他们就懂得蹲下来和孩子说话，注视着孩子的眼睛，认真聆听他们的意愿，与孩子商量对策，共同决定孩子的生活。这样的孩子，从小就有一种存在感，因为他们得到了父母的重视，他们在人际交往中有自信。因此，就算是对不懂事的孩子，话语权也是非常重要的。

》以他人为鉴

秦女士的女儿是个很活泼且很喜欢说话的女孩，这一点不太像她妈妈。她女儿读高中的时候，也许是觉得自己已经长大了，常要求跟妈妈"平等对话"。

有一天，女儿双手拉着妈妈的胳膊，神秘兮兮地将她拉进了自己的房间。

"什么事啊，这么神秘？"妈妈不解地问。

"妈，我问你件事。"女儿关上房门，悄声对妈妈说。

"有什么话不能大声说啊？"妈妈有些生气。她觉得，一家人之间，用不着这样嘀嘀咕咕的。

"是我们女人之间的事儿，别让我爸听见。"女儿压低声音说。

"快说，有什么事？"妈妈有些不耐烦。

"妈，你在中学时有没有喜欢过男孩，有没有男孩喜欢过你？你当时什么感觉，怎么处理这样的事情的？"

"你是不是早恋了？快跟我说说是怎么回事，怎么突然问起这个问题？"妈妈有些着急地问女儿。

"你先回答我的问题，然后我再告诉你。"

"这种事情我怎么能跟你说呢，你还是孩子，还不懂。快跟我说，你是不是早恋了？"妈妈有些恼火，口不择言地说。

"你不说就算了，我也不想跟你说了。"女儿脸上没有了笑容。

"你快跟我说，你要急死我啊？"不懂女儿心思的妈妈，并不知道女儿内心情绪的变化。

"你出去吧，我要写作业了。"女儿将妈妈推出房间，关上了门。

女儿和妈妈谈及一些女性的话题，其实是在寻找一个同性的榜样，或者说一个人生的同路人，希望获得成长和前进的心理能量，获得情感上的支持力量。可是，妈妈却拒绝坦诚地与女儿交流，堵住了母女间良好沟通的路径。

明自我得失

作为父母，如果希望你的孩子向你敞开心扉，那么，你就必须给孩子话语权，但给孩子话语权，并不是命令孩子："告诉我！"而是应该把孩子放在与自己平等的位置，以朋友的身份鼓励孩子表达自己，让孩子表达内心的真实想法与感受，在这个基础上，父母才有可能有的放矢地对孩子进行教育。除此之外，给予孩子话语权，还需要父母注意：

● 用心倾听是最好的交流

很多时候，作为父母，我们可能都忽视了孩子的真正需要，他们需要的不是教训，而是父母的理解和倾听。而事实上，很多父母却常常不问青红皂白，就对孩子进行语言的狂轰滥炸，诸如："什么？你在学校又犯错了？"孩子解释说，是老师冤枉了他，结果你根本不理会孩子的解释，接着训斥："没犯错误老师能冤枉你吗？那么多学生为什么要冤枉你一个啊？还敢撒谎！"孩子听到你的话之后，原本还想解释什么，但他不说话了。其实，你知道吗？孩子这时候最需要的是你的一个拥抱，一个肯定的眼神。但你的否定却让孩子退缩了，他原本认为你是他的避风港，发现自己又遭到一番教育，甚至成为父母的出气筒，孩子还愿意和家长沟通吗？给孩子倾诉的机会，让孩子宣泄心中的郁闷，这对孩子的心理健康是非常重要的。

- **适时回应，适当引导**

我们说倾听很重要，这并不是不要家长说话，交流顾名思义，需要双方有来有往，那么，在很好地倾听后，我们怎样给孩子回应呢？

更多的时候，我们要用适当的语言认同孩子的情感。比如说"看起来你很生气""你有点控制不住自己了是吗？""听起来你很失望，真是不走运""哦""嗯""我明白了"，或者说"真有意思，要是我当时在场就好了，后来呢？"引导孩子说下去。

有些时候，我们听孩子说完之后就完了，但有的时候，为了解决问题，也可以给孩子一些建议。不过，给建议也是要讲方式的，一个原则就是，尽量少用自己的嘴巴给孩子建议，最好是让孩子自己分析找出办法。家长说得多了，孩子未必能听得进去，经过自己思考得出的结论，才会真正成为他自己的经验。

掌握沟通技巧，让孩子对你说实话

任何父母，都希望自己的孩子把自己当朋友，对自己倾诉成长中的烦恼与快乐，然而，孩子越大越难以沟通，这是很多父母共同的感受。这是由什么造成的呢？其实，孩子也想对父母说实话，只是很多父母不懂沟通技巧，在沟通中多半端着家长的架子，甚至和孩子置气，孩子又怎么愿意与你沟通呢？因此，父母在与孩子沟通时应掌握更多技巧，这对维持亲子间的感情关系很有帮助。

❥ 以他人为鉴

一天，儿子放学回家，进门就嚷："妈，从明天开始，我不去学校了，你别劝我！"

如果平时孩子的爸爸在家，一定要严厉地训斥他。但妈妈却是个温和的人，她知道儿子肯定是受了什么委屈。

"为什么不去呢？"

"没什么，感觉不大舒服。"

"不舒服，哪里不舒服？怎么不早点请假回来呢？"

"不想耽误学习啊，你别问了，反正我不去。"其实，妈妈是聪明的，儿子说话这么有力气，怎么会身体不舒服，一定另有隐情。

"可是,今天不舒服,明天不一定不舒服啊。要不,妈妈带你去医院吧。"妈妈在说这话的时候,故意露出一点笑容,儿子明白,妈妈看出端倪了。于是,他只好说:"妈,你儿子是不是很没用啊?"

"怎么这么说,我儿子一直是最棒的,有最棒的体格,最棒的学习接受能力,待人温和,还疼妈妈。"

听到妈妈这么说,儿子笑了,主动说出了今天遇到的事:"妈,今天老师叫我们写一篇作文,我拼错了一个字,老师就嘲笑了我一番,结果同学们都笑我,真没面子!"

此时,妈妈没有说话,只是搂着伤心的儿子。儿子沉默了几分钟,从妈妈怀中站了起来,平静地说:"谢谢你听我说这些事,我要去公园了,同学们还等着我呢。"

从这个故事中,我们看到一对母子间的和谐关系。这位母亲是善于沟通的,她看出了儿子没有说出实情时,并没有指责,而是顺着孩子的思路进行交流,最后让儿子主动说出了自己的委屈,当孩子发泄完之后,内心的结也就解开了。

◈ 明白我得失

可见,如果我们懂得与孩子的沟通技巧的话,是能让孩子对我们倾诉心事的,这些技巧包括:

● **语气温和,态度友善**

父母应避免用高昂、尖锐并带有威吓的声音与孩子说话,尽可能以微笑、欢快、平和的语气说话，显示出友善和冷静的态度。

- **多说"我"，少说"你"**

父母应尽可能不用命令的口气与孩子说话，不要总说"你应该……"，而应常说"我会很担心的，如果你……"。这样孩子就会从保护自己不被指责的状态下转而考虑大人的感受，这个时候沟通才可能更有效。

- **多用身体语言**

必须让孩子知道，无论在什么情况下，你们都是爱他、支持他的。不管他说了什么或做了什么，或许你并不接纳他的行为，但依然关爱他。有时不说话，而利用身体语言，如微笑、拥抱和点头等，就可以让孩子知道你是多么疼爱他，不只是在他表现良好时。

同时，身体接触可表达亲昵的感情。有些父母只有在孩子小时候才表达亲昵的感情，当孩子稍大一点后便改以冷淡的态度，拒绝孩子的"纠缠"。然而，身体接触可以令孩子切身体会父母的关怀，同时也别忘了接纳孩子对你们的爱意。

- **在孩子道出实情后，不可指责**

有些家长在了解到孩子撒了谎之后，便对孩子横加指责，认为孩子不对自己说实话就是不诚实，不加严惩必将重新犯错。其实，孩子选择隐瞒某些事，是有自己的原因的，他不愿向你道明，本身就是对你知道事情后的态度有所顾忌，指责只会加深孩子对你的忌惮情绪，下次必然还会选择隐瞒。因此，聪明的做法是表明自己的立场，告诉孩子，你不会怪他，而只是希望他能把自己当朋友。

因此，掌握沟通技巧，与孩子进行良好的沟通，不但可以建立起亲密的亲子关系，而且能帮助孩子健康成长。

不和孩子斗气，巧妙沟通和引导更有效

不能否认，每一个孩子都是伴随着问题成长的。面对孩子一些错误的行为，很多家长一直沿袭传统的教育方式——打压式，并和孩子斗气，企图将孩子的错误行为和观念遏制住，实际上，这种方式多半是无效甚至是适得其反的。因为如果我们总是板着面孔训斥，或者声泪俱下唠叨，久而久之孩子就不吃你这一套了，我们的教育如果只是让他感到恐惧和心烦，那么他除了逃避还能怎样呢？许多孩子身上的毛病，比如撒谎、顶撞、冷漠、暴力等，说不定就是对我们粗暴简单的教育方式的逃避和反抗。我们教育孩子时，情绪激动，忍不住劈头盖脸一顿臭骂，或者唠唠叨叨，教训人的话滔滔不绝，结果孩子也愤怒，越说越僵，双方都气急败坏，最后不仅教育的目的没有达到，反而破坏了做事的心情，很多的时间都耽误了。更可怕的是，下次再有类似的事情，孩子根本不愿意与你沟通了，家长

和孩子之间的障碍就这样形成了。

❯❯ 以他人为鉴

女儿上四年级了，整天蹦蹦跳跳，爱吃爱玩，对东西很不爱惜，新买的衣服，穿几天就不喜欢了，扔到一边不予理睬，对家人也漠不关心。为此，妈妈很是伤脑筋，正在她准备让女儿尝尝"家法"的时候，丈夫出来阻挠，他告诉妻子，打是没有用的，不妨对女儿进行一次"忆苦思甜"教育。妈妈觉得有理，就花了400元买了两张票，陪女儿去看芭蕾舞剧《白毛女》。

看完回家后，她问女儿有什么感想，女儿想都没想就说："喜儿去当白毛女，我看是让她爸逼的。借债还钱本来就是天经地义的事，杨白劳借了黄世仁的钱，为什么不早点儿还给人家，逼得女儿躲进山里？喜儿也够傻的了，黄世仁那么有钱，嫁给他算了，干吗要到深山老林去当白毛女？"

女儿的回答让妈妈目瞪口呆。

"我女儿好像是从另一个星球来的，怎么什么也不懂，真拿她没办法！"

这位妈妈困惑了。自己小时候看《白毛女》电影时，为喜儿流了那么多眼泪，恨死了黄世仁，可今天同样的故事，孩子怎么得出了相反的结论呢？

那么，到底该怎么办呢？孩子是打也打不成，骂也骂不得，文化教育也是无效。此时，丈夫又劝她说，孩子不懂历史，又没有体验，她不知道今天的好日子是怎么来的，当然会产生这么幼稚的想法。

于是，这天晚上，妈妈和丈夫都放下手头的事，同爷爷奶奶一起，谈起了那个艰苦年代的生活，刚开始，女儿有点不耐烦，但听到后来，女儿越听越有兴致，听完后，她说："我终于知道妈妈为什么带我去看舞剧了，也明白奶奶为什么那么节约了，我以后也绝不乱花钱了。"听到女儿这么说，夫妻俩相视一笑。

这里，我们发现，这对夫妻的教育方法是正确的，当孩子有大手大脚、浪费的不良生活习惯时，他们并没有对孩子进行打骂，而是寻找更为积极的方法，在前一种方法行不通的情况下，他们便让孩子了解历史，了解父母所经历的风雨，继而让孩子了解到父母的良苦用心。

» 明白我得失

的确，可能很多父母认为孩子不懂事，不理解父母甚至不听话，但你真的了解孩子吗？他们与我们有着不同的成长环境，又怎么能要求孩子与我们有同样的行为习惯呢？而要改正孩子的行为和观念，强行压制是没有用的，正确的方式是根据孩子的具体情况进行巧妙引导。

所以，首先，家长应该有这样的意识：孩子是孩子，我们是我们，这是两码事。虽然孩子的思维和心理发育还不成熟，但拥有和成年人一样的人格尊严，也应该受到尊重。但是，尊重不代表对孩子百依百顺，言听计从。尊重不等于放任与放

纵,更不是放弃,尊重是允许对方以不同于自己的方式存在。当父母与孩子的意见遇到分歧时,我们不妨按以下三步来试试:

(1)先考虑一下孩子的意见,看是否有道理。

(2)与孩子一起讨论,可以相互妥协,各让一步。

(3)如果双方意见统一了,就按照约定去做,如果不统一,要讲道理,有的事情也可以先放放再说。

另外,在与孩子沟通时,需要注意:

(1)注意场合和时间。与孩子交流感情的时候,最好是在睡觉前,这是孩子心情最为平稳的时候。

(2)创造和谐的沟通氛围。和谐的气氛永远是与孩子沟通的最好"添加剂",要专心听他们的意见和看法,要理解他们的情感和需求。

(3)平等的对话艺术。聪明的家长与孩子谈话时,并不总是面对面坐着,而是并肩同行,朝着一个方向,这样谈起话来,显得轻松、自然、很有人情味,孩子愿意听、也乐于接受。

批评要适度,不能伤害孩子自尊

为人父母,除了给孩子生命,还需要教育他们。而孩子犯错了,批评管教少不得,但孩子心灵是脆弱的,我们批评教育孩子，千万不能伤害孩子的自尊。

因此，任何批评，都必须要讲方法，如果孩子一旦犯错，就采取谩骂、呵斥的方式，那么，不但不能让孩子接受并改正错误，还会给相互沟通带来很多困扰。

以他人为鉴

该吃饭了，四岁的儿子拿着玩具不肯放下，叫了几遍也没反应，小琳决定来点硬的。儿子哭闹着不肯放玩具，挣扎间竟用玩具把妈妈的头给敲出了个大包。小琳这下可火了，生气地把孩子说了一顿。可是，说完之后，看着儿子哭得可怜兮兮的，小琳又心软了，开始后悔，自己这样批评孩子，会不会给他留下心理阴影？

和小琳一样，不少做妈妈的都有类似的困扰：孩子难免会犯错，不批评是不可能的，可我的批评会不会过火呢？或者说，怎样批评才能既起到教育的作用，又不伤害孩子呢？

明白我得失

心理专家告诉我们，在批评和尊重之间，了解孩子的承受能力，并选择适当的批评方式，会帮助父母找到平衡，但父母必须掌握以下几个在批评孩子时说话的原则：

- **注意时间和场合**

批评孩子尽量不要在清晨、吃饭时、睡觉前。在清晨批评孩子，可能会破坏孩子一天的好心情；吃饭时批评孩子，会影响孩子的食欲，长此以往，会对孩子的身体健康不利；睡觉前批评孩子，会影响孩子的睡眠，不利于孩子的身体发育。

● **批评孩子之前要让自己冷静下来**

孩子犯了错，特别是犯了比较大的错或者屡错屡犯时，做家长的难免心烦意乱，情绪波动会比较大，很可能会在一时冲动之下对孩子说出不该说的话，或者做出不该做出的举动，这都可能会对自己和孩子产生极为不良的影响，因此，在批评孩子之前要先让自己冷静下来。

● **先进行自我批评**

父母是孩子的第一任老师，孩子所犯的错误，父母或多或少都会有一定的责任。在批评孩子之前，如果父母能先来一番自我批评，如"这事也不全怪你，妈妈也有责任""只怪爸爸平时工作太忙，对你不够关心"等，会让家长和孩子的心理距离一下子拉得很近，会让孩子更乐意接受父母的批评，还可以培养孩子勇于承担责任、勇于自我批评的良好品质，一举多得，父母又何乐而不为呢？

● **一事归一事**

在批评孩子的时候，我们要明白自己的批评是为了让他知道做什么样的事会带来什么样的后果，而不是为了伤害他或给他贴上"坏孩子"的标签。这样，就不会给孩子造成心理阴影。

● **给孩子申诉的机会**

导致孩子犯错的原因是多种多样的，有可能是孩子主观方面的失误，但也有可能是不以孩子意志为转移的客观原因造成的。从主观方面来说有可能是有意为之，也有可能是无心所致；有可能是态度问题，也可能是能力不足等。所以，当孩子犯错后，不要剥夺孩子说话的权利，要给孩子一个申诉的机会，让孩子把自己想说的话和盘托出，这样家长会对孩子所犯的错误有一个更全面、更清楚的认识，对孩子的批评会更有针对性，也让孩子更能心悦诚服地接受父母的批评。

● **父母在批评孩子方面要形成"统一战线"**

中国有句古话叫"严父慈母"，很多家庭至今还沿袭着这一传统，父亲和母亲在教育孩子方面，一个唱红脸，一个唱白脸，其实这对孩子的成长是不利的。因为如果这样，当孩子犯错后，他们所想的不是如何去认识和改正错误，而是积极去寻求一种庇护，寻求精神上的"避难所"，他们甚至可能因此变得肆无忌惮，为所欲为。所以，当孩子犯错后，父母一定要旗帜鲜明，保持高度一致，形成"统一战线"，共同努力，让孩子能正视自己所犯的错误并努力去改正自己的错误。

● **批评孩子之后，要给孩子一定心理上的安慰**

孩子犯错后，情绪往往会比较低落，心情往往也会受到影响。父母在批评孩子后，应及时给孩子一些心理上的安慰，从语言上来安慰孩子，比如说些"没关系，知道错了改正就行""我知道你是个聪明的孩子，自己会知道怎么做""爸爸妈妈也有犯错的时候，重新再来"之类的话。

然而，生活中，还存在这样的现象，家长们保护孩子自尊的意识过强了，有时把"对孩子的尊重"和"管教孩子"这两件事简单地对立起来，好像保护孩子的尊严，就要放弃最基本的管教和批评。其实，如果我们了解孩子在不同的年龄段对批评的接受程度，就完全可以根据他的承受能力，进行适当的批评。决不能因为担心伤害，就不批评、不管教！

第10章
卸下压力,压力是所有坏情绪的根源

生活中,总会有许多人叫嚷"压力大,活着累",事实上,在很多时候,这些压力并不是外在因素施加的,而是自己造成的。一个人若是太过苛责自己,那他就会感觉到压力重重。因此,请学会善待自己,对自己不要太苛责,释放压力,让心灵拥抱久违的快乐。

不苛责他人也是在宽容自己

习惯于苛责别人的人,其内心都是追求完美的,或者说太以自我为中心,凡事都希望按照自己的意愿标准去做,但是,他们都忽视了,每个人的思维方式和行为方式是很不一样的,有可能为了达成同一个目标,采取不同的途径。对于这样的情况,就没有必要对他人的行为和思维进行苛责,只要是不违反规则,那都是值得赞赏的。不苛责他人,在放过了他人的同时,其实也宽容了自己。因为你一旦有了某种苛责的心理,那你就会无限地去要求某个人,时刻都在担心对方是否按照自己的意愿做事,那自己的心就会很累,经常会为了不能达到自己的要求而与他人斗气,有时还会跟自己斗气。这样于身于心都是不好的。

那些能够脱颖而出,有着远大理想,追求完美,对自己高标准、严要求的人,他们在平时的生活中,对他人常常多了几分苛求,当然,也多了几分指责。通过对这些人的观察和分析,心理学家发现,那些习惯于苛求和指责他人的人,往往是一些完美主义者,他们的座右铭是:"永不停歇,不断成功!"

当然，他们永远不知道什么叫"知足常乐"，在追求成功的道路上，他们需要很多人的支持。因此，他的完美主义不仅仅针对自己，还针对自己身边的人，他们将对自己的要求强加在别人身上，不管别人是否有怨言。在完成任务的过程中，身边的人一旦出现了一点点错误，他们就会怨声载道。

》以他人为鉴

李姐38岁坐上主任的位置，虽然，这样的成就对于一些特别优秀的人而言，算是大器晚成，但对于只有高中学历的李姐来说却是令人瞩目的成就。当然，坐上这样的位置，李姐本身也顶着相当大的压力。

以前，李姐是一个活泼开朗的女人，但自从当上了主任，她的性格就变了。在下属面前，她异常严厉，十分苛刻，本来是一件很简单的事情，下属也完成得很好，但李姐总是觉得不满意，左挑右挑，就好比是在鸡蛋里面挑骨头。看着往日与自己一起工作同事被自己责骂，李姐心中也不是滋味，但每每事到临头，她还是忍不住苛责。

不仅如此，每天回到家，李姐对着老公还要唠叨半天："小张怎么回事啊？一件小事情都做不好，我已经说过很多次了，每次报表之后需要整理好文件，他就是记不住，真是让我恼火。""小薇也是，每次写报告总是不按照我的要求做，我希望她在与客户洽谈生意之前，都写出详细的业务计划和预算，包括具体的时间，会谈阶段的安排以及具体的会谈内容、目的以及所采用的方法等，但她每次总是忘记。"听烦了的老公没好气地问道："那最后谈判成功了吗？"李姐回答说："在我的指导下，能不成功吗？"老公觉得有些好笑："下属办事自然有她的技巧和方法，你只需要看到结果就行了，不要对他们挑剔那么多，这样不仅惹人厌，而且自己心情也会变得糟糕，因为你整天都在考虑这些事情。"

听了老公的话，李姐仔细回忆在办公室的情景，好像真的觉得下属开始远离自己了，难道自己真的变得那么挑剔了吗？

案例中，李姐对下属的苛责，不仅让下属身心疲惫，而且也令自己恼火。因为她对工作方面的要求太过苛刻，使得她整天都在考虑那些东西，"谁谁工作做得不好，谁在哪里又出了差错"，这样整日忧心忡忡，无疑是自己跟自己过不去。

》明自我得失

生活中，总有那么一群人：他们对身边的人极为苛刻，要求十分严格，一旦对方出了一点差错，或者有一点不是按照自己的意愿去做的，他们都会严厉斥责，结果不仅令身边的人厌恶，而且也让自己的情绪陷于消极的状态之中。其实，如果他们放下心中的苛责，对身边的人要求不再那么严格，那也是一种对自己的宽容。

宽人也就是宽己，苛责也是一样的，你在苛责别人的同时，其实也是苛责自己的心灵。因为当你在不断地要求别人的同时，你所紧绷的是自己的那颗心，在强大的压力下，你的心会很累，将无法得到自由的呼吸。所以，改掉苛责的习惯，当你不再苛责别人的同时，其实是宽容了自己。

学会放下，轻装前行才走得远

曾经有位哲人说："当我们无法得到的时候，放手也是一种智慧。"生活中需要我们坚持的东西太多，以至于我们承受不了现实中的压力，那么不妨学会放手一些东西，这是一种生存的智慧。因为只有放手，你才会重新得到一些东西。在人生的道路上，有的人因为负荷太重而步履维艰，有的人因为欲壑难填而疲于奔命，有的人因为深陷其中而难以自拔。如果你想要所走的每一步充实而轻盈，那么，适时的放手也是一种智慧，不要为那些得不到的而烦恼、忧愁。生命如舟，载不动太多的物欲和虚荣，如果你不想这生命之舟搁浅或者沉没，那就学会放手。

❯❯ 以他人为鉴

曾经有个年轻人，他总埋怨生活的压力太大，生活的担子太重，压得他透不过气来。他试图放下担子。他听人说，哲人柏拉图可以帮助别人解决问题，于是，他便去请教柏拉图。柏拉图听完了他的故事，给了他一个空篓子，说："背起这个篓子，朝山顶去。但你每走一步，必须捡起一块石头放进篓子里。等你到了山顶的时候,你自然会知道解救你自己的方法。去吧!去找寻你的答案吧……"于是,年轻人开始了他寻找答案的旅程。

刚上路时,他精力充沛,一路上蹦蹦跳跳,把自己认为最好的、最美的石头,都一个一个扔进篓子里。每扔进一个,便觉得自己拥有了一件世上最美丽的东西,很充实,很快乐。于是,他在欢笑嬉戏中走完了旅程的三分之一。可是篓子里的东西多了起来,也渐渐重了起来。他开始感到篓子在肩上越来越沉。但他很执着,仍一如既往地前进。

而最后三分之一的旅程确实是让他吃尽了苦头。他已经无暇顾及哪些石头最美丽、最惹人怜爱了。为了不让沉重的篓子变得更重,他只是挑选了些非常轻的、非常小的石头放进篓子。然而,无论他挑多轻的石头放入篓子,篓子的重量也丝毫不会减少,它只会加重,再加重,直到他无力承受。但最后,他还是背着篓子,艰难地走完了这最后三分之一的旅程。

俗话说:"远路无轻物。"在人生的道路上,如果我们需要负重前行,越行得远的时候,我们越会感到举步维艰,虽然会抱怨自己怎么会选择了这么多东西,但还是不舍得放手。但直至终点,我们才发现:那些曾经我们以为丢不下的东西,现在对我们而言却是无用的东西。放手,其实是一种智慧,是一种新的获得。

小宋从小就喜欢画画,拿着笔在墙上、报纸上涂满了五颜六色，妈妈看见了，就把他送到了美术班里学习。长大后的小宋更加喜欢绘画了，高考那年，他费尽口舌说服了妈妈让自己报考美术学院。在大学里，小宋描画着自己的蓝图，他会坚持下去，通过画画挣钱来让妈妈幸福。

大学毕业后，小宋开始找工作了。他整天奔波于各家报社，希望能够成为报社的一名美术编辑，可是，各家报社的总编都以种种理由拒绝了他的求职。在多次碰壁之后，他绝望了，本来希望通过自己的一技之长来给妈妈幸福的生活，却发现社会根本没有自己的容身之地，连养活自己都很困难。在现实的残酷打击下，他开始越发颓废了，妈妈心疼地说："你既然那么喜欢画画，不如自己开一间画室吧。"小宋听了，觉得心里很难受，当初是想通过找份工作继续自己的绘画创作，现在却需要靠自己的这份才华去养家糊口。

思索了很久，小宋接受了妈妈的建议。于是，他向亲戚朋友借了十几万元，再加上妈妈的积蓄，他开了一间属于自己的画室，既教小朋友画画，又出售自己的作品。几年之后，小宋的画室成为了这个城市有名的美术培训学校，他不仅还清了所有的欠债，还拥有了自己的房子、车子和不少的存款，当初给妈妈许下的承诺也实现了。每天教画之余，他用心地研究自己的作品，逐渐提高了自己的绘画水平，在美术界里，也成为了小有名气的画家。

如果当初小宋坚持将继续画画来作为自己的工作，那可能只会成为一个潦倒的画家。在妈妈的建议下，他果断放手了"画画"的梦想，不再为得不到而烦恼。最终，他获得了成功，不但兑现了自己当初的诺言，还实现了梦想，那就是做一名画家。

❱❱ 明白我得失

在某些时候，放手比坚持更令人痛苦，因为坚持下去还意味着有希望，但放手了就什么都没有了。因此，对于绝大多数人而言，面对沉重的负担，以及自己梦想得到的东西，他们无法放手，他们会本能地抓住那些东西，唯恐失去。而一旦真的失去了，他们就会为得不到而烦恼，郁郁寡欢。所以，学会放手，不要再为那些得不到的而烦恼，我们需要明白，适时的放手其实是另一种获得。

工作赚钱旨在享受生活，不要本末倒置

徐静蕾自导自演的电影《杜拉拉升职记》确实火了一把，在许多人的眼中，杜拉拉也许是我们职场中的代表，她没有多少背景，受过良好的教育，全部靠个人的努力，当然，最终她取得了成功。仅仅从这个角度来说，杜拉拉当然可算是每个人的偶像，不过，尽管我们对杜拉拉的坚韧和成功十分敬佩和羡慕，但我们若是从另外一个角度来看，拼命的工作作风和八面

玲珑的为人处世方式却不会是每个人都能做到的，或者说，并不是每个人都想过这种生活。对于我们大部分人而言，与其成为一个不要命的工作狂，还不如做回自己，静心地享受生活。生活中，那些工作狂为什么那么拼命地付出呢？他们最主要的目的就是挣钱，而挣钱为了什么呢？难道仅仅是要让自己的生活更富足一些吗？在物欲横流的今天，越来越多的人物质充足，但精神却很贫瘠，心灵无法得到休息。这主要是因为他们模糊了一个概念——挣钱的意义在于享受生活，而不是折腾生活。

中国的文化崇尚努力工作，在这样文化的影响下，许多人经常在办公室挑灯夜战，或者从来不出门旅游，这样拼命工作的人其实已经忽略了生活的美好，更何况工作得多并不意味着应该受到表彰或加薪。过度工作很有可能会降低自己的工作效率、消磨自己的创造力，甚至对你与家人以及朋友的关系产生负面影响。尽管，有激情有梦想是一个人前进的动力，为自己热爱的事业而努力更不会是一种错误。但是，我们的休息也很重要，除去忙碌的工作时间以外，我们应该更多地享受生活，享受与家人朋友待在一起的感觉，这样我们才能收获更多来自心灵深处的快乐。

❯❯ 以他人为鉴

王先生来自偏远的山村，用光了家里所有的钱，挤进了大学的门槛，大学毕业之后，他已经是负债累累。虽然，品学兼优的王先生通过老师的介绍获得了一份不错的工作，但他并不满足于普通的职位，自己读书欠下的债也成为了他拼命工作的动力，早上他第一个到岗，下班他最后一个离开。在无数个深夜，他孤身一个人待在办公室，思考一个企划案，或着手一个新产品的研发。当然，付出是有回报的，王先生很快晋升到了管理层，不仅如此，他还清了所有的债务。就在这时，他结识了一位女士，组建了一个幸福美满的家庭。

这样看起来，王先生的生活算是美满幸福了，但王先生并没有放松下来，他依然是公司最拼命的一个，妻子每每抱怨："你已经很久没陪我们去公园了，我们一家人从来没去旅游过。"这时王先生总是以惯有的口吻说："我这样还不是为了这个家。"妻子辩解道："可我们已经不缺什么了，我和孩子唯一缺的就是你，再富足的物质生活也比不上一家人在一起啊。"话还没说完，王先生已经西装革履地出门上班了。

没想到加班到凌晨一点的王先生回到家里，竟然发现妻子带着孩子走了，桌上只留下一个地址。第二天，王先生破天荒地向公司请了假，按照妻子所给出的地址找了过去，没想到竟然是一处山清水秀的森林公园。远远地，王先生看到妻子、孩子，还有自己白发苍苍的老母亲坐在一起，孩子嬉戏着，妻子则和母亲聊着天。看着这样的景象，王先生的眼睛湿润了，在那一刻，他明白了很多。

从此以后，王先生不再是拼命三郎了，他从自己工作的时间里抽出一部分陪家人和朋友，在这段时间里，他才发现生活是多么美好、多么轻松!

❥ 明白我得失

当一个人拼命工作到忘记了家人和朋友,尽管他的物质生活是富足的,但其精神世界却是一片贫瘠,他的内在心灵更是一片荒芜的沙漠。因为他不懂得享受生活,自然感受不到来自生活的快乐。工作的功利性目的是挣钱,但这并不是最终的目的,享受生活才是最终目的。

享受生活是人生的重要体验,在越来越喧嚣的尘世中,我们逐渐背离了生活的本质。在拼命工作的过程中,我们变得越来越提得起,放不下,却把挣钱、占有当作是生活的终极目的。这样一来,生活中感受到的是苦多乐少。其实,享受生活才能感知幸福,春华秋实、云卷云舒、一缕阳光、一江春水、一语问候、一片秋叶无不是生活里醉人的点点滴滴。

在电影和音乐中回归平静

现在,越来越多的人将听音乐和看电影作为自己发泄情绪、释放压力的方式之一。我们发现,缓解内心压力、发泄负面情绪的方法很多,其中也包括看电影、听音乐这样轻松又恰当的方式。轻松、畅快的音乐不仅能带给人美的熏陶和享受,而且,还能够使人的精神得到放松,当我们在紧张、郁闷的时候，可以多听听音乐，让那些缓缓流淌的音符流过我们的心灵，抚平内心的伤痛，让我们重拾久违的快乐。电影与音乐一样，也可以带给我们畅快的感觉，电影就好像另外一个世界，当我们沉浸在电影的剧情之中，我们会暂时忘却烦恼和伤痛，我们的心情会慢慢地随着电影故事的发展而逐渐放松。当看完电影之后，我们差不多已经忘记了我们到底在为什么生气。其实，音乐和电影有一个共同的特点，它们都是艺术。当一个人被负面情绪所困扰，感到精神压力巨大的时候，把自己置身于艺术的氛围中，卸下心中的负担，你会发现，自己可以感受到一种前所未有的轻松，畅游在艺术的殿堂里，忘记了烦恼，那些压力、愤怒都在这样的心境中慢慢释放掉，最终，让我们的心回归平静。

以他人为鉴

小江说："我有一个习惯，当我在烦闷的时候，我会选择听轻音乐，因为它不像摇滚乐那样刺耳、嘈杂，更适合我需要安抚的情绪和心境。"

说到自己通过听音乐释放内心的压力，小江一下子来了兴趣，他讲述了轻音乐的发展史：轻音乐可以营造温馨浪漫的情调，带有休闲性质，因此又名'情调音乐'。它起源于一战后的英国，在20世纪中期达到了鼎盛，在20世纪末期逐渐被新纪元音乐所取代，并影响至今。说到这里，小江随手放了一首轻音乐的曲子，在缓缓流淌的音乐中，他说："这是班得瑞的音乐,它是轻音乐的经典乐队之一,有人说班得瑞是'来自瑞士一尘不染的音符'。班得瑞来自瑞士,它是由一群年轻作曲家、演奏家及音源采样工程师所组成的一个乐团,在1990年红遍欧洲。"

小江慢慢闭上了眼睛,用很轻的声音说:"当你轻轻地闭上眼睛,再放上班得瑞那一尘不染的天籁之音时,你就会发现那一个个剔透圆润的音符,静静地流淌着,它带走了一直压在心中的忧虑,让你的心灵在水晶般纯净的音符里沉浸、漂净。清新迷人的大自然风格,返璞归真的天籁,如香汤沐浴,疏解胸中沉积不散的苦闷,扫除心中许久以来的阴霾,让你忘记忧伤,身心自由自在。"

明自我得失

有了音乐,即便我们的心灵不平得九曲十八弯,也会被缓缓流淌的音乐抚平,最终回归平静。有了音乐,就算是一个人待在黑暗中也会感到安全,感觉到充实。一位信奉基督教的人讲述了自己的经历:"最近老是被烦心事困扰,心变得敏感而细腻,那天,回到住的地方,发现居然自己没有带钥匙,同住的朋友还没有回来,一个人站在空旷的过道里,除了恐惧,还有一点对朋友的憎恨。有趣的是,那天我正好带了圣经,无聊之余,我翻开了圣经,借着灯光朗读起来,还唱起了圣歌,后来,我朋友回来了。这时,我心里已经回归了平静,不再抱怨,也不再生气。"音乐所带给我们的除了愉快,还有一份灵魂的寄托。

与音乐有异曲同工之妙的还有电影,身边有许多友人表示:"每次心里感到烦闷的时候,就挑选一些喜剧电影,比如周星驰的《唐伯虎点秋香》,还有经典喜剧《东成西就》,每次都笑到肚子痛,当我看完了电影,我差不多已经忘记烦恼了,我所能想起来的全是生活中一些美好的事情。"还有什么比带给我们笑声更适合的释压方式呢?电影就有这样的功效。

当然,我们在选择电影和音乐作为释放压力的手段时,还需要进行挑选,尽量寻找一些对平复情绪有帮助的,避免那些激烈的、嘈杂的。比如在烦闷的时候,你若是再挑选一部恐怖电影或听摇滚乐,就都是不太合适的选择。不过,有的人性格奇怪,他们就需要这类激烈的电影和音乐,才能释放内心的压力。但在这里,我们还是建议选择舒缓一点的音乐和轻松一点的电影,相对而言,这给我们的心灵带来的负担会少很多。

不要过于操心,让自己轻松一点

有的人天生喜欢操心,他的心无时无刻不在担心这担心那,好像一刻也不能放松,于是,他的心整天都是紧绷着的。在生活中,无论是大事还是小事,他们都不放心别人去做,都要亲力亲为。当然,凡事亲力亲为,这是一种负责任的态度,但若是太过亲力亲为，那就有点以自我为中心了。通常情况下，那些习惯于凡事亲力亲为的人，他们大多只相信自己，不太相信别人，因此，哪怕是一件小事情，他们也不愿意交给别的人去做，而是尽量亲自去操办。这样的一种心理所导致的行为，我们且不说事情的最后结果会怎么样，但如果真的大事小事都自己去做，那所造成的很显著的后果就是身心疲惫。他们永远是一个人在考虑自己要做什么、做到什么样的程度，没有其他人伸出援助之手，而造成这种局面的原因，并不是其他人不愿意帮忙，而是他们拒绝别人帮忙。对此，特地提醒那些太过于自我的人，不要太操心，很多事都无须你亲力亲为。

如果在日常工作中，我们并不只是一个普通员工，而是领导者，在这样的情况下，还保持着凡事亲力亲为的习惯，那下属到底适合干什么呢？相反，假如我们站在领导者的位置，将更多的机会让给下属去展现才能，这既可以有效地锻炼下属的工作能力，而且还能够凸显领导者的威严。一个领导者若是凡事都亲力亲为，那样的工作量是相当重的，而且，下属只会议论"领导根本不相信我们，什么事情也不交给我们去做"，如此一来，不仅累了自己，而且也将别人展现自我的机会剥夺了。因此，我们要想活得潇洒一些，轻松一些，就不要去操心那些不属于自己分内的事，有些事情大可以交给别人去做，我们只需要适当指导，等待结果就行了。

以他人为鉴

王姐从小就有个习惯,对于有关自己的事情,她必然是自己去做,她不放心任何人去做。在她年纪尚小的时候,有一次,她背着沉重的东西回家,身边的朋友好心地说:"让我帮你背一程吧。"结果她拒绝了,理由是怕对方将她的东西掉在地上,朋友听到这个理由,吃惊得下巴都快掉下来了。

长大后,王姐的这个习惯更加严重。高中毕业后,王姐就在一家蛋糕店当了收银员,平时没事也是守在那个柜台边,不让任何人接近自己的工作位置。店长吩咐:"你在有时间的时候,教教店里的导购收银。"然而,王姐经常将这样的吩咐置之不理,她从来不放心自己的工作让别人去干。就因为这样独特的习惯,她在店里的人缘相当不好,但她工作倒是很负责任,工作了几年之后,她升职当了店长,这样她就更忙了。早上,她是第一个到店里,晚上她是最晚离开蛋糕店,因为她不放心任何一个店员,她需要亲力亲为地收货、摆货、收银,虽然这样一来,自己算是放心了,但长期这样拼命地工作,王姐真的疲惫不堪。但只要她想到自己不去店里,让店员们去做,心就更累。

没过多久,王姐终于累倒了,躺在医院里,她所担心的还是蛋糕店:"今天货到齐了吗?""货物摆放得整齐吗?"坐在床边的老公忍不住说:"你总是这样,凡事亲力亲为,你以为自己多伟大,但其实是抹杀了店员们表现自我的机会,今天早上我路过蛋糕店，发现没有你，他们依然将事情做得很好，你就不用操心了，你现在是店长了，很多事情完全可以交给别人去做。如果你总是这样，那你永远有操不完的心，你自己也是身心俱疲。"

在案例中，王姐虽然升职成为了店长，但她对店里的很多事情总是亲自去做，结果病倒在床上，她的累不仅在身体上，而且来自于心理。因为太过于操心，她几乎每时每刻都在想还有什么事情没做好，她就好像一个陀螺一样不停地转，直至最后无力地倒在地上。其实，她完全没必要这样累，放手将一些事情交给别人去打理，不仅自己轻松，而且给予了下属展现自我的机会。

》明自我得失

生活中，一个人操心太多就会使其身心疲惫，反之，如果将别人能做的事情交给他人去做，自己只是监督或指导，这样反而会轻松很多。当然，要想培养这样的习惯，首先应该学会信任别人。只有足够地信任别人，才能放心地将事情交给对方，才不会那么执着地想要事事亲自去做。所以，不要太过操心，将某些事交给别人去办，这样自己才能轻松起来。

背着压力走路，很快就会疲惫

生活中，从来不缺乏各种各样的压力：生存的压力、工作的压力、挣钱的压力、来自他人的压力，等等。在这个充斥着压力的社会中，我们该如何缓解压力呢？太过沉重的压力对我们的情绪是有着重要影响的，一旦压力来袭，情绪就会变得很恶劣，容易生气、烦躁，似乎看什么都不顺眼，内心的情绪积压过久，总想痛快地发泄一通。那些给自己太大压力的人，他们也是总喜欢与自己斗气的人。如果我们将任何事情都当成了一种负担，并在重压下生活，那我们会整日生活在压力、痛苦、烦躁和苦闷之中。一个人若是背负着压力走路，再平坦的路也会让他感到身心疲惫，他终有被压垮的一天。当重重压力袭来的时候，不妨巧将压力变成动力，不但能让自己如释重负，而且还能将事情做得更好。

》以他人为鉴

这些天，小王正在学习弹琴，由于基本功不太扎实，他练起琴来很费力，尽管自己付出了许多辛勤的汗水，可是，就是不见效果。他心里又极度渴望在琴技方面能够有所突破，于是，他每天强迫自己练琴四个小时。

这样，时间长了，他变得焦虑起来，心理上把练琴当成了一种压力，他常常烦躁地问老师："我是不是练不好了？""我还能行吗？""怎么这么练都不见效果，我干脆还是不练习了吧！""难道我就要这么放弃了吗？"老师听了，只是微微一笑："你不要怀疑自己，放松自己，缓解心中的压力，卸下负担，将压力变成动力，这样，心情好了，琴艺自然会有所进步。"过了不久，小王的琴艺真的进步了，而之前弥漫在脸上的阴霾已经消失得无影无踪。

人一生中都会面临两种选择，一是改变环境，让环境来适应自己；二是改变自己去适应环境。既然压力是已经存在的，根本无法彻底消除的，那我们何不积极地改变自己，正确引导各种压力成为自己前进的动力呢？

一位留学英国的朋友回国，向同学们讲述了自己在国外的生活："刚开始，我在国外的时候，由于自己英文很烂，害怕出糗，整天就把自己关在屋里，看书、上网、看电影，这样的生活状态整整持续了一个月，让我几近崩溃，我开始想：自己是否应该干点什么？"后来，她去了国家应用科学院求学，刚开始的时候，老师讲课她有一半都听不懂，而且，老师讲课也没有教材，只能靠自己做笔记，压力非常大。当时，她想自己只要及格就行了，没有必要追求名列前茅。于是，每天她都拿着同学的笔记来抄，然后，就跟自己的男朋友出去约会。

临近考试的时候，她才开始"临时抱佛脚"，背诵笔记，每天只睡三个小时，第一次考试，她及格了，虽然分数并不是很高。令她高兴的是老师给全班同学发了一封邮件，在信里，老师这样说："这次考试，我以为出的题目比较难，但是，令我没有想到的是，班里的三个留学生考得还不错，希望你们继续努力。"老师的鼓励令她受到了鼓舞，她开始认真听课，成绩也越来越靠前了。到了第二年，她的成绩就排在了全班第一，这样的成绩不仅令同学感到惊叹，连她自己都觉得不可思议。

最后，她这样说道："在国外求学的经历堪称跌宕起伏，但是，我并不觉得有什么不好，这些所谓的挫折与困难，让我学会了如何承受，让我赢得了最后的胜利。我们的生活需要适当的压力，压力教会了我们什么是坚持，最重要的是，让我远离了那种无聊、烦闷的生活，而重新拾起了久违的快乐。"

◎ 明白我得失

当压力成为自己前进的动力，生活将会变得异常美好。生活中其实是需要压力的，当我们感觉不到压力的时候，就会发现充斥在生活中的都是无聊、烦闷的气息。但是，一旦生活有了某种压力，在压力的驱使下，不自觉地将这种压力当成动力，那我们做什么事情都是精神十足，因为压力驱使着我们将事情做得更完美。

在现代社会，几乎每一个人都有压力，其实，适当的压力对我们自身是十分有用的。一个人的潜力究竟有多大，我想大多数人都不清楚，对此，科学家指出：人的能力有90%以上处于休眠状态，没有开发出来。是的，如果一个人缺乏动力，缺乏磨炼，没有正确的选择，那么，积聚在他们身上的潜能就不能被激发出来，而压力恰恰会给他们这样的动力。

参考文献

[1] 罗纳德·波特·埃弗隆，帕特里夏·波特·埃弗隆. 制怒心理学 [M]. 罗英华，译. 北京：台海出版社，2018.

[2] 鞠强. 情绪管理心理学 [M]. 上海：复旦大学出版社，2020.

[3] 曾杰. 别让情绪失控害了你 [M]. 苏州：古吴轩出版社，2016.

[4] 宋晓东. 情绪掌控，决定你的人生格局 [M]. 成都：天地出版社，2018.